稠油油藏开发理论与新技术丛书 ｜ 卷四

国家出版基金项目
NATIONAL PUBLICATION FOUNDATION

环烷基超稠油火驱开发基本理论与应用

PRINCIPLES AND APPLICATION OF IN-SITU COMBUSTION IN THE DEVELOPMENT OF NAPHTHENIC SUPER HEAVY OIL RESERVOIR

赵仁保 岳湘安 孙新革 杨凤祥 施小荣 等著

中国石油大学出版社
CHINA UNIVERSITY OF PETROLEUM PRESS

山东·青岛

图书在版编目（CIP）数据

环烷基超稠油火驱开发基本理论与应用/赵仁保等
著. --青岛：中国石油大学出版社，2021.12
（稠油油藏开发理论与新技术丛书；卷四）
ISBN 978-7-5636-7245-5

Ⅰ．①环… Ⅱ．①赵… Ⅲ．①环烷基原油－稠油－火
烧油层 Ⅳ．①TE35

中国版本图书馆 CIP 数据核字（2021）第 264956 号

书　　名：环烷基超稠油火驱开发基本理论与应用
　　　　　HUANWANJI CHAOCHOUYOU HUOQU KAIFA JIBEN LILUN YU YINGYONG
著　　者：赵仁保　岳湘安　孙新革　杨凤祥　施小荣　等
责任编辑：岳为超（电话　0532-86981532）
封面设计：悟本设计
出 版 者：中国石油大学出版社
　　　　　（地址：山东省青岛市黄岛区长江西路 66 号　邮编：266580）
网　　址：http://cbs.upc.edu.cn
电子邮箱：shiyoujiaoyu@126.com
排 版 者：青岛天舒常青文化传媒有限公司
印 刷 者：山东临沂新华印刷物流集团有限责任公司
发 行 者：中国石油大学出版社（电话　0532-86983437）
开　　本：787 mm×1 092 mm　1/16
印　　张：11.25
字　　数：248 千字
版 印 次：2021 年 12 月第 1 版　2021 年 12 月第 1 次印刷
书　　号：ISBN 978-7-5636-7245-5
定　　价：76.00 元

前　言

　　近 10 年来我国石油的对外依存度一直呈上升趋势,由 10 年前的约 50％已经快速上升到 74％,从一定程度上影响到我国经济发展的安全性。世界原油总产量中,常规稀油产量已经达到高峰值,并呈现逐步下降的趋势,世界原油总产量要想保持相对稳定则需要依靠稠油和沥青矿的开发。众所周知,以蒸汽开发技术为主流的热采技术在稠油及沥青矿的开发中已得到普遍的应用,是保障稠油产量的主体技术。然而,随着国际上对环境问题的关注、相关政策的出台,以及我国碳达峰(2030 年)和碳中和(2060 年)计划与远景规划的提出,高能耗的蒸汽开发技术必将面临极其严峻的挑战。

　　火驱作为一种就地产生热量进行稠油开发的技术,在加热油层和热量输送过程中的热量损失最小,即热量的利用效率最高,因而几十年来一直受到相关研究人员的广泛关注。但是,这种在油层孔隙环境下发生的就地燃烧是一种极其复杂的物理化学过程,包含多种化学反应、传质传热及多相流动等过程,兼具气驱、蒸汽驱和 CO_2 非混相驱等多种驱替方式的特点,使得其机理研究非常复杂。目前积累的理论成果仍无法有效解决实际火驱过程中的火线前缘监测和调控等问题,针对不同稠油黏度、油水饱和度和储层渗透率及非均质性油藏应采取何种井网方式开发的问题也无法提出合理的解决方案。因此,从这个角度上说,火驱的理论研究还需要进一步深化,目前仍处于不断摸索的过程。回顾几十年来的火驱发展历史,值得欣慰的是,人们逐渐认清了火驱技术发展所应考虑的核心理论及技术问题。

　　本书共分 7 章,分别为绪论、火驱物理模拟相似理论研究、火驱过程中反应动力学参数的计算方法、稠油氧化反应动力学测定及预测、火线稳定传播

的判断及影响因素、火驱其他参数的测定及物理模拟与数值模拟相结合研究
THAI 火驱过程。本书聚焦火驱现场试验中存在的关键问题,结合室内研究
成果,可为火驱理论的进一步发展、火驱技术的突破和工业化推广提供基础
和支撑。

  本书是作者团队多年研究成果的结晶,由赵仁保、岳湘安、孙新革、杨凤
祥、施小荣等撰写而成,由赵仁保统稿并定稿。本书中涉及的研究工作离不
开中国石油天然气股份有限公司勘探与生产分公司以及新疆油田分公司的
大力支持,在此表示衷心的感谢!在本书的撰写过程中,专家廖广志和张学
鲁进行了多次指导并提供了很多宝贵的建议,在此也对他们表示衷心的
感谢!

  由于火驱工程问题的复杂性及笔者学识有限,书中难免有疏漏和不妥之
处,恳请专家及广大读者批评指正。

目 录

第 1 章
绪　论

1.1　环烷基稠油

1.1.1　环烷基稠油的定义

环烷基稠油属稀缺资源，储量只占世界已探明石油储量的 2.2%，被公认为生产电器绝缘油和橡胶油的优质资源，也可用于国防及航天工业领域，因而被称为"稠油中的稀土"。中国是世界上拥有环烷基稠油资源的国家之一，我国环烷基稠油资源主要分布在新疆油田、辽河油田、大港油田以及渤海湾等地区。新疆油田地处新疆准噶尔盆地西北缘，拥有丰富的环烷基稠油资源，自 20 世纪 80 年代以来，先后发现了九区、红浅 1、风城等油田，已探明环烷基稠油和超稠油地质储量达数亿吨。据中国石油天然气股份有限公司公布的消息，借助自主创新研发的强非均质高黏稠油开采技术，新疆油田优质环烷基稠油累积产量突破 1×10^8 t(2019 年)，已建成国内最大的优质环烷基稠油生产基地。

环烷基稠油又称沥青基稠油，具有蜡含量低、酸值高、密度大、黏度大、胶质和残炭含量高以及金属含量高等特点，是变压器油、冷冻机油、橡胶油、BS 光亮油、重交通道路沥青等产品的主要原料。相对于汽油、煤油、柴油等大宗石油燃料产品，这些产品属于小品种石油产品，价格受市场波动影响较小。随着国民经济的快速发展，对高压输电中的电器绝缘油、制冷行业的冷冻机油以及高等级道路沥青、机场沥青等的需求大幅度提高。因此，针对上述与日俱增的市场需求和油品质量要求，开展环烷基稠油的开发及研究是非常迫切和必要的。

1.1.2　环烷基稠油的特殊用途

环烷基稠油馏分中由于环烷烃含量高、芳烃含量低，特别适合生产低芳烃含量的高

档环烷基润滑油,而高档环烷基润滑油主要有如下用途:

1)变压器油

变压器油又称方棚油,是石油经过蒸馏、精炼而获得的一种矿物油,其主要成分是烷烃、环烷烃以及芳香族不饱和烃等烃类物质。变压器油外观呈浅黄色,为透明液体,相对密度为 0.895,凝固点小于 −45 ℃。其经酸碱精制处理可得到纯度高、稳定性强、黏度小、绝缘性好、冷却性能优良的液体状的天然碳氢化合物的混合物。

变压器油广泛应用于变压器、电抗器、互感器等充油电气设备中,以保障电气设备的安全运行。通常正常运行中的电气设备对变压器油的要求包括:① 良好的散热冷却性能;② 优异的电气绝缘性能;③ 适宜的抗析气性能。

2)冷冻机油

冷冻机油指制冷压缩机的专用润滑油,根据冷冻机的工作特点和润滑油的油品特性,制冷系统中各部件对冷冻机油性能的要求应包括:

(1)化学稳定性良好;

(2)润滑性良好;

(3)抗磨性良好;

(4)热稳定性良好;

(5)抗泡性良好;

(6)与密封材料适配性良好;

(7)绝缘性能良好;

(8)与制冷剂的互溶性良好;

(9)低温流动性良好,且无蜡(正构烷烃)和絮状物析出;

(10)含水量低。

3)橡胶油

橡胶油是指用于改善橡胶的弹性、柔韧性、易加工性、易混炼性等性能的油品。在橡胶的合成及加工过程中,橡胶油是仅次于生胶和炭黑的第三大材料,广泛应用于合成橡胶的生产和橡胶制品的加工,填充量可达 40%～50%。在橡胶中加入橡胶油,不仅可以降低橡胶分子链间的作用力,使配合剂分散均匀,从而改善橡胶分子的混炼效果,缩短混炼时间,而且可以增强橡胶的可塑性、流动性、黏着性,有助于压延、压出和成型等工艺操作,从而改善橡胶的某些机械性能(如降低橡胶的硬度和定伸应力、提高橡胶的弹性及耐寒性等)。

4)BS 光亮油

BS 光亮油主要用于调和发动机油、齿轮油和工业润滑油,主要起增加黏度和改善高温性能的作用,要求其具有黏度大、黏度指数高、倾点低和抗氧化性能好等特点。采用环烷基稠油生产的轻脱沥青油恰好具有上述特点,是生产高黏度 BS 光亮油较好的原料。

1.2　火驱技术发展情况

1.2.1　发展概述

火驱又称火烧油层(英文为 in-situ combustion,即 ISC),是一种以原油的部分重组分为燃料,以空气为助燃剂,在油层内部产生热量,实现原位燃烧的热力采油技术。它通过就地燃烧部分原油组分产生大量的热量和烟道气等,在热量和烟道气等的共同作用下,原油发生改质、降黏等变化,流动性显著增强,并在蒸汽、热水和烟道气等多重驱替作用下,使原油向生产井移动而被采出。该技术的最大优势是利用了空气和水 2 种丰富且廉价易得的资源,因此被认为是一种最有发展潜力的提高原油采收率技术。该技术目前被应用到各类油藏中,尤其是黏度较高的稠油油藏中。

火驱是一种重要的稠油热采方法,即在一口或数口井中点燃油层后,不断将空气或含氧气体注入油层中,形成径向移动的火线(即燃烧前缘)。火线在油层中与有机燃料或焦炭(coke)反应,产生大量的热量,而燃烧产生的高温蒸汽和烟道气将热量(以流动方式)传递给稠油,使稠油受热后黏度降低,并且伴随着蒸馏作用。蒸馏产生的轻组分与剩余的部分蒸汽、烟道气一起向前驱替,而重组分在高温下继续发生裂解反应,产生轻组分和焦炭。由裂解反应产生的轻组分也加入前端的驱替相中,而焦炭作为燃料被燃烧,用以维持火线继续向前推进。在火线移动过程中,油层中的水(包括原生的自由水、束缚水,注入水以及燃烧产生的水)在高温下变为蒸汽,持续向前方的油层传递大量的热量,再次加热油层,最终形成一个综合多种效应的驱替过程,将原油驱向生产井。

传统的直井平面火驱技术已在国内外得到成功的应用,相关机理研究对技术的发展起到了非常重要的促进作用。然而,21 世纪以来,该技术仍没有像蒸汽吞吐、蒸汽驱一样在稠油油藏得到大范围推广,主要原因包括:

(1) 适宜于火驱开发的油藏条件不明确;

(2) 对火驱的稳定性难以进行有效预测和控制;

(3) 稳定及成功火驱的判断标准仍不清晰,需要进一步明确和完善关键指标;

(4) 可能发生过度燃烧,即由于控制手段有限,燃烧消耗的油量过多,使采收率及开采效益降低;

(5) 产出的流体可能对管线和设备造成严重的腐蚀,相关配套设施需要完善。

未来的火驱技术应至少解决以上几个问题,才能有更广阔的发展应用前景。目前,对国内外火驱技术的进展进行梳理和总结,并对技术发展的局限性和攻关方向进行思考是非常必要的,可为火驱技术安全性、可控性的实现提供初步思路,为火驱技术的进一步发展和工业化推广提供一定的参考。

1.2.2 国外研究进展

最早的就地燃烧项目可以追溯到 1920 年,在美国俄亥俄州东南部实施了 2 口井,实现了产油速率翻倍。1927—1934 年间,美国和苏联陆续实施了就地燃烧现场试验。其中,Magnolia(现 Mobil)和 Sinclair(现 Arco)石油公司对就地燃烧的控制参数开展了实验室研究,并成功指导了俄克拉荷马州的现场试验。20 世纪 40 年代中期,"燃烧部分含油储层以提高原油产量"这一观点在美国大型石油公司受到广泛关注。

20 世纪 50—70 年代,注蒸汽开发稠油的技术得到了迅速发展,成为稠油热采的主流方向,但部分蒸汽开发效果差的区块开始转注空气进行火驱开发。截止到 1991 年 12 月,全世界开展的火驱试验项目共计 26 个,其中美国 8 个,苏联 10 个,加拿大 3 个,罗马尼亚 5 个。

统计火驱商业化实施的油藏可知,其原油黏度范围在 0.8～6 000 mPa·s 之间,埋深不大于 3 500 m,渗透率在 20×10^{-3} μm^2 以上。通过对现场试验的总结,得到以下重要认识:

(1)采用线性井网、从高部位点火向低部位驱替的方式,可以较好地实现对火驱燃烧前缘的控制;

(2)可利用"空气油比"对项目的经济有效性进行评价。

截止到 1997 年底,全世界在运行火驱项目共 20 个,大部分产自稠油油藏。但是,由于受安全、腐蚀和产出气体处理等问题的影响,直井平面火驱的应用规模没有得到进一步推广。截止到 2015 年,在罗马尼亚只有 Suplacu 油田的火驱试验仍在进行,共有 2 913 口井,其中生产井 480 口,日产原油 850 t,而其他火驱矿场试验已在 2000 年前后相继中止。

1993 年以来,结合直井和水平井等新型井网组合的火驱室内研究受到了人们越来越多的关注。2009 年,加拿大白砂油田开展了第一个从指端到跟端的注空气技术(THAI,也称直井注空气到水平井采油)的火驱现场试验,这样做的主要原因是:

(1)充分发挥水平井重力泄油的优势;

(2)解决在直井井网条件下油墙长距离运移导致的驱替效率低、稠油燃烧量偏高和产出气体处理工作量大等问题。

根据已检索到的有关火驱研究的美国文献统计情况(图 1-2-1),20 世纪 50 年代到 21 世纪初,共检索到 60 多项专利和 210 多篇期刊文章(包括会议论文)。其中,20 世纪 60 年代公布的专利数量最多,达 26 项;20 世纪 90 年代发表的期刊文章数量最多,达 83 篇。

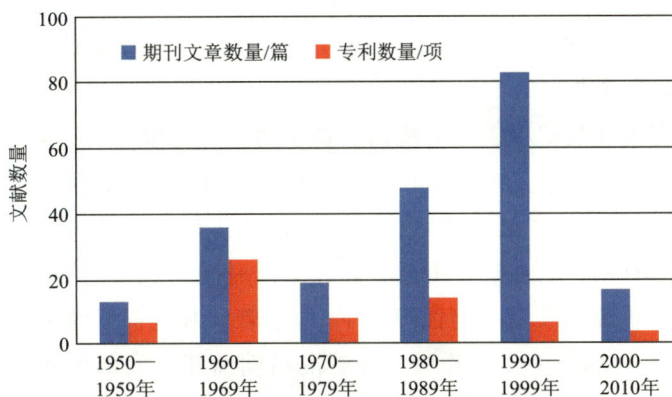

图 1-2-1 不同年代公布的美国有关火驱研究的文献数量

1.2.3 国内研究进展

我国自 1958 年以来先后在新疆、玉门、胜利、吉林和辽河等油田开展了稠油火驱的室内研究和矿场试验。1960—1961 年在新疆油田黑油山点燃了 2 个浅油层(埋深 14～18 m),初步掌握了浅层点火技术。1965—1966 年在新疆油田黑油山 3 区(埋深 85 m)和二西区(埋深 414 m)进行了点火及进一步扩大试验,1969 年在黑油山 4 区进行了井组扩大试验,同时点燃了 3 口井,实现了线性驱替。1971—1973 年又在黑油山 4 区开展了 3 个井组(面积井网)的矿场试验。

1992—1999 年在胜利油田金家油田开展了 4 井次火驱试验,但由于注气设备问题,试验被迫提前终止;2001 年在胜利油田乐安油田草南 95-2 井组进行了火驱试验,实现了高含水稠油层的成功点火;2003 年,在胜利油田郑 408 区块开展了火驱先导试验,采用面积井网的驱替方式,但试验没有取得预期效果,提前终止。2005 年在辽河油田曙光油田杜 66 北块进行了直井常规火驱现场试验,经过十几年的攻关,已经扩大到 100 多个井组。2009 年在新疆克拉玛依油田开展了红浅火驱先导试验,经过 10 多年的攻关,取得了突破性进展,证明了稠油油藏注蒸汽开发后期火驱接替开发的可行性,并进一步扩大到 900 口生产井的工业化推广试验,目前正在为实现火驱每年 30×10^4 t 产量而继续努力。

2011 年,中国石油在新疆风城油田重 18 井区开展了 THAI 火驱先导试验,并于同年开始部署直井与水平井组合井网。风城油田是我国典型的超稠油油田,具有储层埋深浅、非均质性强以及原油黏度高等特点。风城油田齐古组油藏中部深度为 280 m,地层温度为 18.8 ℃,原始地层压力为 2.60 MPa,压力系数为 0.93。试验目的层 $J_3q_2^{2-3}$ 层有效厚度在 9.3～17.9 m 之间,平均为 13.4 m,属于辫状河沉积;含油饱和度为 59.8%～68.6%,平均为 64.0%;孔隙度为 28.5%～30.7%,平均为 29.3%;渗透率为 (599～1 584)×

$10^{-3}\ \mu m^2$，平均为 $900\times10^{-3}\ \mu m^2$。可以看出，试验目的层属高孔、高渗、高含油饱和度储层。储层稠油在 50 ℃下的脱气黏度平均为 12 090 mPa·s，平均密度为 0.959 6 g/cm³，API 度为 12°，属于重质油。

风城油田齐古组油藏基本满足火烧油层技术的实施要求，2015 年开始点火，在 4 口直井进行了点火试验。其中 FW005 井组的效果最好，通过伴注蒸汽、热水及产出的冷水等措施，使生产时间维持了近 3 年，这是迄今为止国际上 THAI 火驱生产时间最长的一对试验井组，比国外报道的 THAI 火驱最长生产时间延长了近 2.5 年。但由于生产井长期处于由气窜导致的高温和腐蚀环境下，地下管柱和地面系统的腐蚀非常严重，且因效益变差而关井。然而，THAI 作为一种解决超稠油开发的新型井网，目前还无法在现场应用，仍需要进行深入的室内研究。

目前，国内外火驱工作取得的认识主要包括：

（1）火驱是一种非常复杂的过程，且目前仍然没有一个相对合理的油藏筛选标准来指导现场实践。

（2）地质因素是火驱成功的关键影响因素。

（3）室内实验研究具有重要的指导作用。

（4）若焦炭沉积量过低，则无法维持稳定燃烧；若焦炭沉积量过高，则火线推进速度较慢。

纵观稠油火驱技术这 100 年来的发展历史可知，机理认识或理论的形成大多数来自对现场试验结果的总结，而有效指导现场试验的相关理论研究并不充分，火驱机理研究仍在继续。

1.3 火驱理论研究进展及趋势

与其他采油技术的发展类似，火驱技术的发展离不开相关学科基础理论和技术的发展，尤其是反应动力学的发展。这是由于火驱过程中伴随着极其复杂的物理和化学作用，火驱技术主要通过原油和空气在孔隙介质中发生化学反应，就地（原位）产生大量的热量，并将热量传递给稠油以大幅度降低其黏度。原油在孔隙介质中的化学反应行为和产生的热效应对火驱效果必将产生重大影响。另外，火驱过程中产生的大量热量以蒸汽、轻组分和烟道气为载体（称为热流体），这些热流体在流动过程中及与稠油相互作用过程中所发生的相变、传质和传热等物理现象也会对驱油效果产生重要影响。

火驱数值模拟是开发方案编制的核心内容，而数值模拟参数的获取（或测定）是火驱机理研究的核心内容之一。目前火驱数值模拟一般采用 CMG 公司开发的 STARS 热采模拟器来进行开发方案的设计及效果预测。使用该软件时需要考虑地层中的 4 个相态[即气相、水相、油相和固相(焦炭)]及 7 个组分[即水、原油的重组分、原油的轻组分、氧气、二氧化碳、对化学反应呈惰性的气体(N_2,CO 等)和焦炭]。火驱可划分成 4 个独立的反应过程或步骤,即重质油氧化、重质油裂解、轻质油及焦炭的燃烧反应等。在数值模拟过程中,为了模拟从点火到正常燃烧、火腔扩展过程中油藏的温度、压力以及各种组分在空间中的分布,需要定义一些复杂的化学反应来计算火驱过程中的活化能、反应速率、反应熵和反应熔的变化。但是,由于原油组成的复杂性,其在燃烧过程中涉及蒸发、氧化、裂解等复杂的物理、化学过程。另外,原油与空气在孔隙介质中的反应环境也增加了反应机理的复杂性。原油与氧气发生的是多级反应,很难从中确定基元反应以及中间产物,因此通过化学反应方程来计算活化能是十分困难的。为了解决这一难题,可采用实验与理论相结合的方法来开展燃烧反应动力学研究,通过线性升温的方法消除反应机理函数这一变量,并结合等转化率法和微分或积分的数学处理方法,计算出原油反应的活化能,从而为火驱数值模拟提供关键参数。

1.3.1 反应动力学研究进展

反应动力学是研究化学反应速率以及各种因素对化学反应速率影响的学科,传统上属于物理化学的范围。绝大多数化学反应并不是按化学计量式一步完成的,而是由多个具有一定反应路径的基元反应(一种或几种反应组分经过一步直接转化为其他反应组分的反应,或称简单反应)所构成,反应进行的这种实际历程称为反应机理。一般来说,化学家着重研究的是反应机理,并力图根据基元反应速率的理论计算来预测整个反应的动力学规律。而化学反应工程工作者则主要通过实验来确定反应体系中各组分浓度和温度、反应速率之间的关系,以满足反应过程开发和反应器设计的需要。火驱反应动力学研究主要聚焦于如何通过机理研究逐步优化反应参数的设计,以期实现工程实施过程中安全化、可控化和原油采收率最大化的目的。

火驱的化学反应机理可从化学反应特征、化学反应速率以及反应产生的热效应 3 个方面来分析。

1) 化学反应特征

国内外大多数学者认为,在火驱过程中存在 3 种不同类型的化学反应。

(1) 低温氧化反应(LTO)。

当温度达到 100~250 ℃时,发生加氧反应,产物为水和一部分烃类氧化物(如羧基酸、乙醛、酮和酒精等)。Alexander 等认为,低温氧化会导致原油的黏度增大,使其沸点和密度增加。Al-Saadon 通过实验得出,低温氧化反应可促进燃料的生成,导致燃料含量增加,有利于火驱的进行。低温氧化反应式如下:

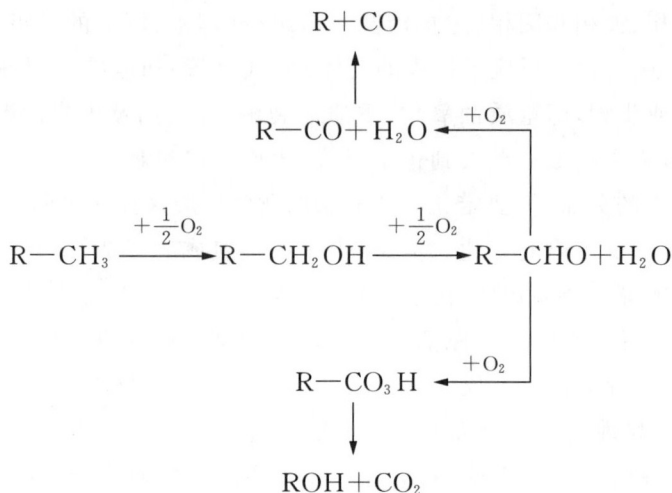

$$R+CO$$

$$R-CO+H_2O \xleftarrow{+O_2}$$

$$R-CH_3 \xrightarrow{+\frac{1}{2}O_2} R-CH_2OH \xrightarrow{+\frac{1}{2}O_2} R-CHO+H_2O$$

$$R-CO_3H \xleftarrow{+O_2}$$

$$ROH+CO_2$$

（2）裂解反应。

当温度上升至 250～340 ℃时,裂解反应占据主导地位,生成焦炭、轻质油、烃类气体和沥青,其中焦炭是高温燃烧反应的主要燃料。裂解反应过程中所发生的主要变化为:

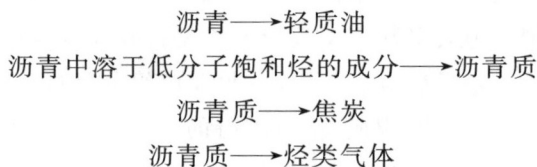

$$沥青 \longrightarrow 轻质油$$
$$沥青中溶于低分子饱和烃的成分 \longrightarrow 沥青质$$
$$沥青质 \longrightarrow 焦炭$$
$$沥青质 \longrightarrow 烃类气体$$

（3）高温燃烧反应（HTO）。

布尔热通过实验指出,当温度达到 343 ℃后原油裂解产生的焦炭与氧气发生反应,生成 CO_2,CO 和 H_2O。该过程的化学计量式如下:

$$CH_x+\left[\frac{2+\beta}{2(1+\beta)}+\frac{x}{4}\right]O_2 \longrightarrow \frac{1}{1+\beta}CO_2+\frac{\beta}{1+\beta}CO+\frac{x}{2}H_2O \tag{1-3-1}$$

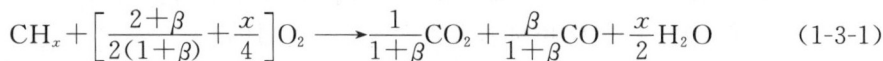

式中 x——氢碳原子比;

β——生成的 CO 与 CO_2 的摩尔分数之比。

实际原油在燃烧过程中所发生的上述 3 种反应并没有非常明确的温度界限,每种反应所发生的温度区间与燃烧反应的条件、原油的组成等息息相关。

2）化学反应速率

许多学者通过一种简单的反应速率模型来确定火驱过程中的反应速率。该模型假设反应速率只取决于燃料的浓度和氧气分压,表达式如下:

$$R_c=\frac{dC_f}{dt}=k p_{O_2}^a C_f^b \tag{1-3-2}$$

式中 R_c——原油反应速率,kg/(m³·s);

t——反应时间,s;

C_f——燃料浓度,kg/m^3;

p_{O_2}——氧气分压,kPa;

k——反应速率常数;

a,b——反应级数。

根据 1968 年 Bousaid 和 Ramey 以及 1974 年 Dabbous 和 Fulton 的研究结果,在原油氧化(或燃烧)过程中,与燃料浓度相关的反应级数 b 通常取值为 1,而与氧气分压相关的反应级数 a 的取值范围一般为 $0.5<a<1$。

式(1-3-2)中反应速率常数 k 可由 Arrhenius 公式给出:

$$k(T)=A\exp\left(-\frac{E_a}{RT}\right) \tag{1-3-3}$$

式中 A——Arrhenius 常数或指前因子;

E_a——活化能,kJ/mol;

R——通用气体常数,8.314 J/(mol·K);

T——温度,K。

综合式(1-3-2)和式(1-3-3),可得燃烧过程的总反应方程为:

$$R_c=A\exp\left(-\frac{E_a}{RT}\right)p_{O_2}^a C_f^b \tag{1-3-4}$$

由式(1-3-4)可知,原油燃烧过程中的活化能是影响其反应速率的关键参数。因此,活化能的获取有利于人们从反应机理上理解原油的燃烧过程,分析其反应行为,评价其反应难易程度;同时,将不同反应阶段的活化能代入 CMG 公司 STARS 数值模拟软件中,可对火驱效果进行预测,并对火驱(油藏)方案进行设计和优化。

根据反应速率与温度的关系可将自然界中发生的化学反应分为以下 5 种类型:

(1)反应速率随温度的升高而增大,它们之间呈指数关系(图 1-3-1a),这是最常见的反应类型;

(2)在初始反应阶段温度对反应速率影响不大,当温度达到一定值时反应以爆炸的形式进行,反应速率急剧增大(图 1-3-1b),这是爆炸反应;

(3)当温度较低时,反应速率随温度的升高而增大,当温度达到一定值时反应速率随着温度升高而减小(图 1-3-1c),如多相催化和酶催化反应;

(4)当温度升高到一定值后反应速率减小,再升高温度后反应速率又迅速增大(图 1-3-1d),此时可能发生副反应;

(5)当温度升高时反应速率减小(图 1-3-1e),这种反应类型一般少见。

稠油火驱过程中的反应虽然非常复杂,但反应类型在上述 5 种类型范围之内。对于孔隙介质中发生的多相反应,由于孔隙中的传质、传热行为的复杂性,反应温度和热量变化极其复杂。虽然无法直接用上述几种典型的反应类型来预测实际孔隙介质环境中反应速率与温度的关系,但是可以结合燃烧实验和热分析动力学的相关理论来进行计算和预测。在总体趋势上,可以用第 1 种反应类型即反应速率随反应温度的增加呈

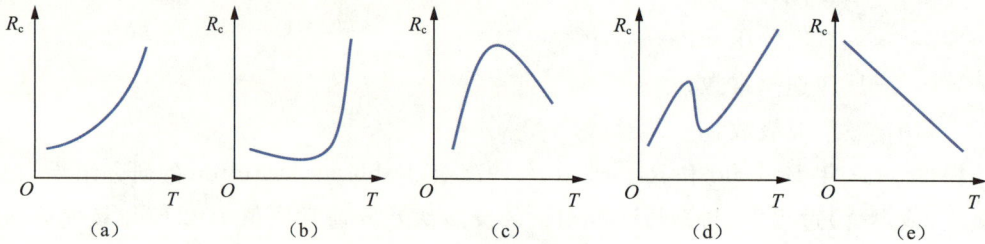

图 1-3-1 反应速率随温度的变化曲线

指数增大来进行研究。同时,一旦反应环境发生变化,如原油或轻组分与空气的反应环境由微小孔隙转变成大体积的体相(如井筒),则反应类型有可能转变为第 2 种,即爆炸反应,这是在研究反应动力学时应注意的问题。

3)反应产生的热效应

根据布尔热对火烧油层过程中燃烧热的估计,当式(1-3-1)中的 x 和 β 已知时,可由下式求出消耗 1 mol 氧气时燃料(CH_x)的燃烧热 ΔH。

$$-\Delta H(\text{kJ}) = \frac{265.7 + 197.85\beta}{1 + \frac{\beta}{2} + \frac{x}{4}(1+\beta)} + \frac{31.175x - 171.7}{\frac{2+\beta}{2(1+\beta)} + \frac{x}{4}} \tag{1-3-5}$$

对应于 1 g 燃料燃烧,所放出的热量 Q 为:

$$Q(\text{J}) = \frac{265\ 700 + 197\ 850\beta}{(1+\beta)(12+x)} + \frac{31\ 175x - 171\ 700}{12+x} \tag{1-3-6}$$

由式(1-3-6)可以准确计算出原油中烃馏分的最高生热量。但是,除饱和烃和低不饱和度的烷烃外,原油中还含有少量的硫、氧和氮元素。将这些元素的反应热考虑在内,对式(1-3-6)进行修正,可得 1 g 原油的最高生热量 Q_s 为:

$$Q_s(\text{cal},1\ \text{cal} = 4.184\ \text{J}) = 78.3w(\text{C}) + 311.75w(\text{H}) - 22w(\text{S}) \tag{1-3-7}$$

式中　$w(\text{C})$——原油中 C 的质量分数,%;

$w(\text{H})$——原油中 H 的质量分数,%;

$w(\text{S})$——原油中 S 的质量分数,%。

早期点火技术及地下燃烧反应的研究方法大都基于反应动力学的理论研究。这些工作在 1955—1980 年间报道得比较多,不少研究人员如 Poettmann 和 Benhand,Ramey,Thomas,Farouq 以及 Benham 等开展了一些创新性的工作。湿式燃烧、燃料沉积量及热分析方法的提出被认为是当时火驱的创新性工作,但同期 Amoco 也发表了由于油藏条件不适宜导致火驱失败的案例。考虑到稠油组成的复杂性,利用恒温反应釜,根据油砂在不同温度下反应时热量的变化,1968 年 Ramey 首次将稠油与空气的反应分为 3 个阶段,即低温氧化、燃料形成(早期称法,后来统一称为燃料沉积)和高温氧化。

20 世纪 80 年代以来,科研人员对火驱过程中的燃料沉积量及反应动力学行为等进行了大量的研究,系统阐述了火驱过程中发生的低温氧化、燃料沉积及高温氧化的演变过程和反应机理,所采用的研究手段主要有 3 种:早期的恒温反应釜联合产出气体分析

(EGA)技术、热重分析仪联合 EGA 技术、同步热分析仪分析方法。1977 年,Bae 最早利用同步热分析仪系统研究了原油燃烧过程中的热效应,他认为,不同黏度、不同组成的原油与空气的反应过程都会经历上述 3 个不同的阶段。

对原油与空气的反应动力学行为研究是过去 30 年来火驱研究的热点之一。显然,反应动力学机理的研究有助于人们对火驱复杂过程的理解,甚至在油藏工程方案的编制中也会涉及。随着热分析手段的进步,研究材料热裂解性质的热重分析方法也被引入原油与空气的反应动力学研究中。目前人们普遍采用同步热分析仪以及燃烧池等实验装置,以线性升温方式研究反应动力学。这些机理研究对于揭示燃烧过程中焦炭的沉积、氧气消耗过程中的热量变化以及燃料消耗速度的预测有着重要的参考意义。

1.3.2　物理作用机理

稠油就地燃烧过程中,重组分裂解形成的焦炭作为燃料而被燃烧掉,这是火驱过程中稠油发生改质的根本原因。焦炭在燃烧过程中产生碳氧化物和水,同时产生大量的热量,热量被反应产物(水、烟道气和部分裂解轻组分)以热流体的形式携带至低温区而加热稠油。高温蒸汽和轻组分在低温区发生冷凝,轻组分加入前端稠油中产生稀释作用,使稠油黏度降低,饱和度逐渐增大,最终形成可以流动的油墙。烟道气由于黏度低、比热容小、流速快而传热效应差。因此,火驱过程可认为同时具有烟道气驱和蒸汽驱的综合作用机理,即降低稠油黏度(轻组分的稀释效应和 CO_2 的溶解效应)、改善流度比、使流体发生热膨胀等,尤其是燃烧产物中的 CO_2 能够溶解于稠油中,使稠油黏度明显降低,并使稠油体积增大,在高压下这种作用会更加显著。

1.3.3　燃烧反应及驱替动态特征研究的局限性

上述机理研究的实验条件相对简单,是理想情况下油藏中某一个点(或微小单元)的近似反应过程(图 1-3-2)。空气在注入油藏燃烧原油的过程中,氧气与火线前缘的接触方式以及火腔体积的变化等极其复杂,影响因素众多,其中储层和流体的非均质性是影响空气与燃料的接触方式、火线推进稳定性的关键因素。显然,依靠燃烧池及热重分析仪无法对这些问题进行有效研究。

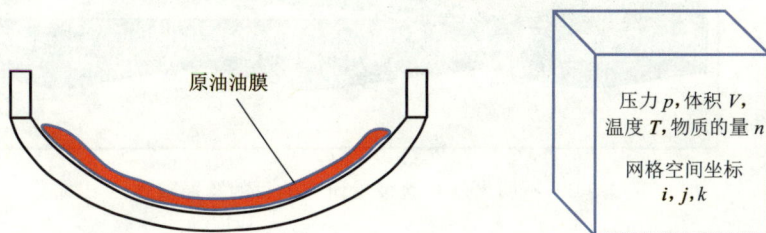

原油油膜

压力 p,体积 V,温度 T,物质的量 n

网格空间坐标 i, j, k

图 1-3-2　理想情况下油藏中某一个点(或微小单元)的近似

由现场试验可知,火驱的稳定性是技术成功的关键。美国斯坦福大学于 1960 年建立了燃烧管实验装置,并提出了通过燃烧管实验进行火驱稳定性的判断。结合反应动力学理论,可将火驱过程划分为 5 个或 7 个区带,这可为开发方案的设计和矿场试验过程中的跟踪监测与动态管理提供重要的参考依据。Kovscek 教授团队将燃烧管实验与CT 扫描实验相结合,研究了油层燃烧前后含油饱和度场的变化。考虑到金属填砂管(燃烧管的主体结构)的热传导对火线推进速度的干扰,关文龙等提出了利用非金属材料装填的思路,并利用该装置测定了胜利油田郑 408 块油藏的点火温度。

一维燃烧管实验装置相对简单,因此,人们利用该装置开展了大量的实验工作,主要用于测定点火温度、判断燃烧稳定性等,然而系统地研究不同渗透率和含油饱和度对火驱稳定性的影响却未见报道。通过大量燃烧管实验发现,不同原油黏度、不同渗透率和不同含油饱和度下油层燃烧的稳定性存在巨大差异,尤其是火驱过程中驱替压差存在非常大的波动,并可能导致熄火。此外,油墙的形成时机和聚集速度与原油黏度、渗透率及含油饱和度有着密切关系,因此系统地研究这些因素对火驱稳定性的影响非常重要。

由于实际储层的非均质性及流体分布的复杂性,火线在空间的发展动态无法根据一维燃烧管实验来进行合理推测(图 1-3-3)。数值模拟技术的出现虽然使火驱方案设计更趋于合理,但是由于其中可调的参数较多,且参数调整缺乏相应的理论依据,导致设计结果的可信度较低。因此,需要加强对能够模拟实际储层条件的三维火驱模拟实验装置的研发及利用该装置开展关键性基础理论的研究。

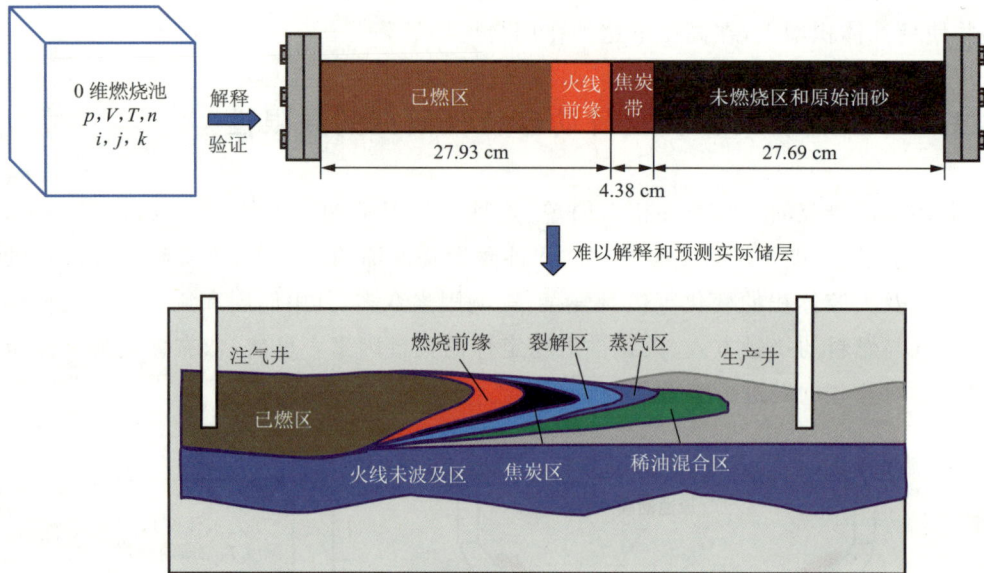

图 1-3-3 不同火驱实验装置研究的目的及局限性

1986 年,Garon 等利用自主研发的三维火驱实验装置(模型厚度为 50.8 mm)进行了模拟 1/6 反七点井网(注采井距为 810 mm)条件下的一系列实验,研究了注气速度、水气比和原油性质等因素对波及系数及火驱特征的影响。

1993—1996 年以及 2005 年,Greaves 等利用三维火驱模型(2 种尺寸的长方体:长 400 mm×宽 400 mm×高 100 mm 和长 400 mm×宽 100 mm×高 600 mm)开展了 3 种布井方式的干式火驱实验,研究了注气速度和氧气含量对火驱效果的影响。

1999—2000 年,Bagci 等利用长方体物理模型(2 种尺寸:长 400 mm×宽 400 mm×高 150 mm 和长 540 mm×宽 180 mm×高 120 mm)研究了不同井型对干式正向火驱效果的影响。

2010 年及 2012 年,关文龙等利用不同尺寸的三维火驱实验装置研究了直井火驱过程中的燃烧带特征和水平井火驱辅助重力泄油不同阶段燃烧前缘和结焦带的展布规律,总结了直井火驱过程中的温度场、含油饱和度和压力的变化规律,分析了沿程每个区带的典型特征,同时研究了点火温度与初期空气注入速度对点火启动的重要影响,并提出了熄火后再次点燃油层难度大的重要认识。在火线径向扩展阶段,燃烧前缘稳定推进的关键在于使注气速度与燃烧区域耗氧量相匹配。

2015 年,赵仁保等考虑到模型的承压问题,经过相似准则的推导后,研发了设计成圆柱形的三维火驱实验装置。模型的总长度为 650 mm,直径为 360 mm,最高工作压力为 3.0 MPa。他们结合 CMG 公司的 STARS 数值模拟软件,初步验证了物理模型设计的合理性,并利用该模型开展了储层非均质性、注采井距和注气速度对火线稳定性影响的研究。

1.3.4 适应火驱技术的油藏条件研究

当评价一个油藏能否进行火驱开发时,需要考虑油藏地质构造、储层岩石性质、流体性质等多个因素。前人根据以往成功的火驱试验总结出一些因素对火驱效果的影响规律,主要包括:

1) 横向/纵向油藏的连续程度或连通性

成功火驱试验的储层砂体一般具有良好的横向连通性。油藏层多且薄,分布广泛,有良好的页岩和泥岩隔层,是有利于稳定燃烧的理想条件。由于缺乏量化指标,这样的定性认识仅作为参考。

2) 油层孔隙度及含油饱和度

油层孔隙度对火驱效果有一定的影响,但大都是基于对不同现场试验的定性认识,人们总结出经济上成功实施火驱的油藏的平均孔隙度在 0.16~0.38 之间。油层孔隙度及含油饱和度对火驱效果的影响规律一般为:① 孔隙度主要影响热量在储层中的传递效率和加热效率;② 火驱过程中有一定量的原油作为燃料被消耗掉;③ 目前常用 ϕs_o(ϕ 为孔隙度,s_o 为含油饱和度)是否大于 0.09 来判定火驱是否可行,但该指标提出的现场试验或理论依据未见报道。

3）油层渗透率

在稠油油藏中,若渗透率过低,则可能难以提供维持燃烧的最小空气通量(或通风强度),并可能因注气压力高而导致注气成本增加。但渗透率与稳定火驱之间的关系,尤其是稳定火驱过程中驱替压差如何变化这一问题,至今仍无系统研究。目前的定性分析认为,对于稠油油藏,火驱更适合于渗透率大于 $100 \times 10^{-3} \ \mu m^2$ 的储层,而在稀油油藏中,经济上成功的火驱要求储层渗透率不小于 $10 \times 10^{-3} \ \mu m^2$。

4）油层厚度及注采井距

早期研究认为,蒸汽驱开发的油层厚度应比火驱更大,井距应比火驱小,而火驱的油层厚度要求相对较宽,并可采用更大的井距(140～150 m)。由于燃烧过程中气体超覆效应的存在,储层厚度不能超过临界厚度,但也不能过薄,合适的范围应为 1.8～18 m。但是,厚度范围划分的依据并不充分,只是基于有关热量损失方面的定性分析。

5）油藏埋深

油藏埋深对火驱实施成功与否关系不大。从经济角度来看,适合火驱油藏的深度下限为 4 000～4 170 m。埋深仅对储层的温度、压力、钻井成本有影响。埋深大,注气压力大,压缩成本也大,对空气压缩机的功率和性能要求更加苛刻。

火驱能否有效实施,并充分发挥其诸多优势,在很大程度上取决于油藏的正确选择。一般建议将火驱技术应用于具有如下特征的油藏:埋深为 2 000 m 以下,产层厚度为 3～25 m,含油饱和度为 50％～60％,含水率不超过 40％,原油黏度不低于 5 mPa·s,原油密度不小于 0.82 g/cm³,油层孔隙度在 43％以上。显然,上述特征认知较为宽泛,难以有效指导油藏的筛选。

虽然火驱技术在不同的储层、流体和地质条件下都有成功应用的实例,但目前仍没有一个具体的筛选标准能较准确地判断某个油藏是否适合火驱。一些研究人员对已经实施过火驱项目的油藏条件和效果进行了总结,给出了比较广泛认可的筛选条件(表 1-3-1)。

从表 1-3-1 可以看出,目前适用于火驱的油藏条件相当宽泛,但由于火驱机理十分复杂,火驱矿场动态管理上还存在很多问题,特别是对储层中的燃烧和驱油过程缺乏直观准确的认识,很难采取有效手段准确判断地下燃烧状态,以及监测和控制火驱燃烧前缘。另外,表 1-3-1 中还存在以下几处不足,导致其参考性欠佳:

(1) 注气压力数据并不全面,有的试验没有提供压力数据,且注气压力和注气速度应在一个范围内变化(或调整);

(2) 表中罗列的试验项目中有 9 个没有给出最终采出程度或采收率的数据,7 个项目的采出程度低于 15％,仅有 11 个项目的采出程度达到 20％以上。

从这些数据可知,火驱还不能作为一项成熟的技术在稠油油藏中大规模应用,亟需开展深入的理论研究,以促进火驱技术的发展和完善。

表 1-3-1　国内外火驱项目实施统计表

序号	项目概况			油藏地质参数										开发参数					
	油田（公司）	年份	火烧方式	埋深/m	油层厚度/m	倾角/(°)	孔隙度	渗透率/mD	火烧前温度/℃	火烧前压力/MPa	火烧前黏度/(mPa·s)	井网	井距/m	注气井数/口	生产井数/口	单井注气速度/(10^4 m³·d⁻¹)	注气压力/MPa	单井平均日产油量/(t·d⁻¹)	采出程度/%
1	Brea-Olinda,CA (Union Oil Co. of California)	1972	D	777	38	>25	0.21	100	57.2	1.0	20	IRR	96.5	2	20	3.54	6.90	4.45	10.1
2	Midway Sunset,CA (Mobil Oil Corp.)	1960	D	732	39	<45N <20S	0.36	1 575	51.7	—	110	IRR	—	5	30	1.70	5.17	7.30	20
3	Midway Sunset,CA (CWOD)	1972	D	457	15	15SE	0.33	2 500	93.3	0.1	1 630 (49 ℃)	I5	72.0	3	12	1.42	0.86	4.00	52.8
4	South Belridge,CA (General Petroleum Corp.)	1956	D	213	9	3.0	0.36	8 000	30.6	—	2 700	I5	105.5	1	4	4.96	1.65	4.79	56.7
5	South Belridge,CA (Mobil Oil Corp.)	1964	D	329	28	2~3	0.34	3 000	35.0	1.2	1 600	I9	321.9	2	23	3.19	—	8.49	14.5
6	West Newport,CA (General Crude Oil Co.)	1958	D	442	37	12NW	0.37	1 070	40.6	1.3	700	I5	—	6	25	0.74	—	2.47	—
7	Robinson,Fry,IL (Marathon Oil Co.)	1961	D	277	15	—	0.197	90	18.3	0.1	40	IRR	—	3	41	2.83	—	1.10	31.9
8	Bellevue,LA (Getty Oil Co.)	1963	D,W	107	23	0~5	0.383	1 094	23.9	—	450	I9	110.2	94	312	0.75	—	1.22	45

续表 1-3-1

序号	项目概况				油藏地质参数								开发参数							
	油田(公司)	年份	火烧方式	埋深/m	油层厚度/m	倾角/(°)	孔隙度	渗透率/mD	火烧前温度/℃	火烧前压力/MPa	火烧前黏度/(mPa·s)	井网	井距/m	注气井数/口	生产井数/口	单井注气速度/(10^4 m³·d⁻¹)	注气压力/MPa	单井平均日产油量/(t·d⁻¹)	采出程度/%
9	Bellevue,LA (Cities Service Co.)	1971	D,W	107	18	—	0.349	695	23.9	0.3	676 (25 ℃)	I9	100.6	14	57	1.12	—	1.81	—
10	Bellevue,Bodcau,LA (Cities Service Co./U.S.DOE)	1976	D,W	122	16	0~5	0.339	700	23.9	0.3	676	I9	124.0	5	29	1.78	—	1.93	13.65
11	May-Libby,LA (Sun Oil Co.)	1966	W	1 036	3	3.0	0.312	1 069	57.2		3	I5	402.3	1	4	2.69	5.52	4.45	68
12	Heidelberg,MI (Gulf Oil Corp.)	1971	D	3 505	9	5~15	0.164	39	105.0	10.3	4.5	IRR	—	1	7	1.50	20.69	7.82	—
13	Sloss,NE (Amoco Production Co.)	1963	W	1 890	4	—	0.193	101	93.3	15.7	0.8	I5	569.0	10	27	1.42	—	2.38	14.3
14	Glen Hummel,TX (Sun Oil Co.)	1968	D	741	2	0~5	0.36	1 200	45.6	5.5	52	LD	284.5	2	31	1.84	11.38	2.81	31.9
15	Gloriana,TX (Sun Oil Co.)	1969	D	488	1	0~5	0.35	1 000	44.4	2.1	110	LD	402.3	1	12	3.33	7.24	2.85	29.7
16	Trix Liz,TX (Sun Oil Co.)	1968	D	1 113	3	—	0.22	200	58.9	—	26	LD	201.2	3	11	0.37	4.14	2.47	—

续表 1-3-1

序号	油田(公司)	年份	火烧方式	埋深/m	油层厚度/m	倾角/(°)	孔隙度	渗透率/mD	火烧前温度/℃	火烧前压力/MPa	火烧前粘度/(mPa·s)	井网	井距/m	注气井数/口	生产井数/口	单井注气速度/(10⁴m³·d⁻¹)	注气压力/MPa	单井平均日产油量/(t·d⁻¹)	采出程度/%
17	North Tisdale, WY (Continental Oil Co.)	1959	D	284	15	3.0	0.245	1 034	22.8	2.0	175	I6	223.1	1	6	1.98	5.17	6.85	23
18	Fosterton Northwest, Sask. (Mobil Oil Corp.)	1970	D	945	8	—	0.288	958	51.7	1.7	13.5	IRR	—	1	6	1.98	—	3.66	约 2.3
19	Silverdale, Alta. (General Crude Oil Co.)	1977	W	78	6	—	0.31	3 500	21.1	0.7	804 (21 ℃)	I7	348.4	10	45	0.42	—	0.60	—
20	Schoonebeek, The Netherlands(Shell Oil Co.)	1962	W	849	15	8.0	—	3 000	—	—	175	I7	322.5	3	15	1.77	—	5.51	—
21	Suplacu de Barcau, Romania (IFP/ICPPG)	1964	D,W	125	10	—	0.32	1 722	17.8	—	2 000	I9,LD	200.0	38	205	2.36	—	4.38	47.5
22	Balaria, Romania (IFP/ICPPG)	1975	D	800	6	—	0.3	506	46.1	—	120 (45 ℃)	I5	100.0	5	11	0.51	—	1.84	—
23	East Tia Juana, Venezuela (Shell Oil Co.)	1966	W	479	39	4.0	0.392	5 000	—	—	6 000	I7	213.8	1	6	2.83	—	53.32	—
24	East Ve,Pezuela (Mene Grande)	1960	D	1 372	6	—	0.35	3 500	—	9.4	400	2wells	—	1	1	—	—	17.53	—

续表 1-3-1

| 序号 | 项目概况 | | | | 油藏地质参数 | | | | | | | 开发参数 | | | | | | | | |
	油田(公司)	年份	火烧方式	埋深/m	油层厚度/m	倾角/(°)	孔隙度	渗透率/mD	火烧前温度/℃	火烧前压力/MPa	火烧前黏度/(mPa·s)	井网	井距/m	注气井数/口	生产井数/口	单井注气速度/(10⁴ m³·d⁻¹)	注气压力/MPa	单井平均日产油量/(t·d⁻¹)	采出程度/%
25	Miga, Venezuela (Gulf Oil Corp.)	1964	D	1 273	37	2.0	0.226	5 500	63.3	—	355	IRR	—	1	8	13.73	—	12.85	11.6
26	辽河油田杜 66	2005	D	925	43	5~10	0.26	781	47	1.3	1 241 (50 ℃)	I7,LD	70	85	362	0.4~3.0	0.6~4.4	1.0~3.0	21.2
27	新疆红浅 1 井区	2009	D	478~573	9.6	5	0.251	676.2	17.4	2.8	10 000 (23.9 ℃)	I7,LD	50~70	7	44	1.9	2.0~6.0	1.0	7.6

注:D—干烧;W—湿烧;IRR—不规则井网;I5—反五点井网;I9—反九点井网;LD—线性井网。1 mD=10⁻³ μm^2。

目前国内新疆克拉玛依油田、胜利油田、辽河油田正在开展或已开展火驱矿场试验,总体上仍处于先导试验阶段,对我国油藏及原油性质条件下燃烧机理的研究还有待于进一步深化,对现场应用的关键控制参数(如点火温度、注气速度等)亟须通过室内研究来实现准确的预测。

1.4 火驱模拟实验研究进展

1.4.1 物理模拟装置研究进展

物理模拟是指通过室内实验来模拟真实的地下燃烧驱油过程。它是在满足基本相似条件(温度、压力等)的基础上,对地层中火驱过程的主要特征(如原油的点火温度、燃料消耗量和空气需求量等)进行模拟。目前常用的火驱物理模拟装置有燃烧釜、一维燃烧管和三维比例物理模型实验装置。另外,还有一种燃烧池实验装置,该装置的构造以及用途与前面 3 种常用装置有很大的差别。

1)燃烧釜

利用燃烧釜(图 1-4-1)实验可对原油的点火温度、燃料消耗量以及空气需求量等进行测定,可用于研究原油燃烧过程中燃料消耗量的影响因素,也可用于研究通风强度、含油饱和度、孔隙度和注气压力等参数与焦炭生成量的关系,研究结果可为火驱现场试验的方案设计提供关键参数。

不少学者如 Burger,Alexander 以及中国石油勘探开发研究院李少池、中国石化胜利油田分公司李迎春等都利用燃烧釜开展了火驱室内实验研究,并取得了一些重要的成果。

2)一维燃烧管

利用一维燃烧管(图 1-4-2)可对现场注气井与采油井连线方向上的火驱动态过程进行模拟研究,并可测定燃烧前缘的推进速度,判断燃烧过程的稳定性,同时可计算出燃料消耗量、空气需求量以及氢碳原子比等重要参数。

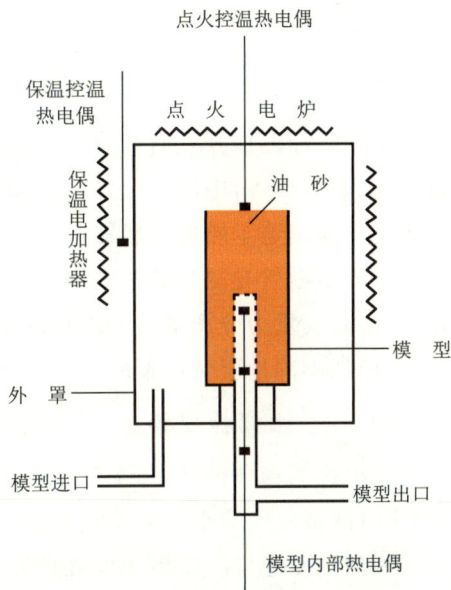

图 1-4-1 燃烧釜装置示意图

国外在该领域开展大量工作的著名研究机构有美国斯坦福大学、法国石油研究院和加拿大卡尔加里大学等。其中,美国斯坦福大学的研究人员将燃烧管装置竖直(或高倾角)放置,进行立式燃烧;法国石油研究院和加拿大卡尔加里大学的研究人员将燃烧管装置水平放置,进行卧式(或有一定倾角)燃烧。

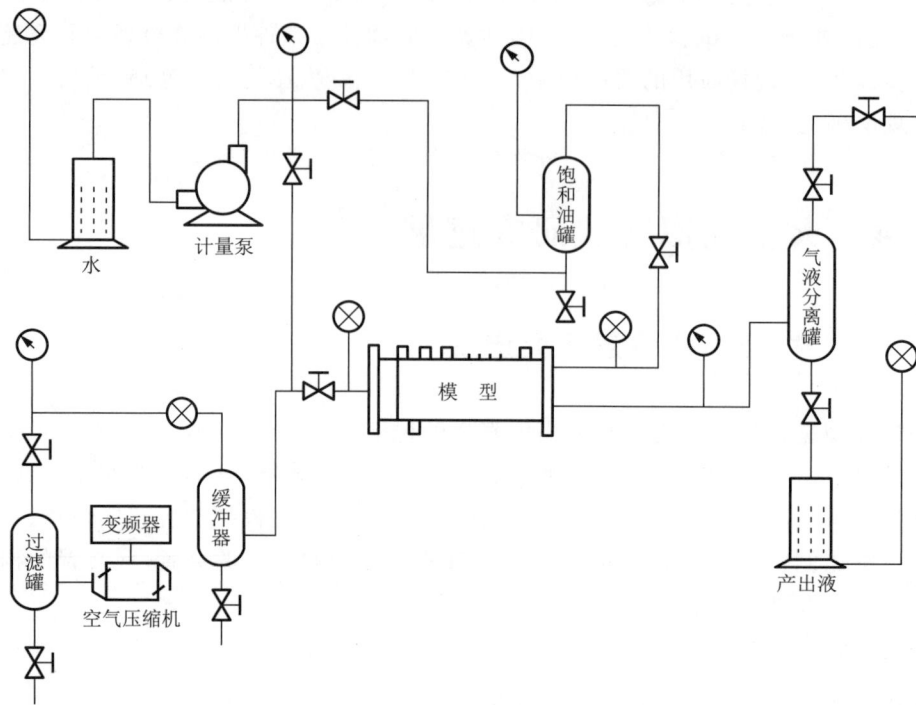

图 1-4-2 一维燃烧管装置示意图

中国石油勘探开发研究院李少池、关文龙等,中国石油大学(华东)杨德伟、谢志勤、赵东伟、雷占祥等,中国石化胜利油田分公司李迎春等,中国石油辽河油田分公司刘其成等也先后构建了燃烧管装置。其中,关文龙等首次采用了非金属岩芯管,克服了以往普通金属填砂管导热系数过大、容易结焦的问题;杨德伟等所采用的燃烧管可绕中心线转动,以减弱重力分离效应;谢志勤等研制的燃烧管模型同时具有立式和卧式 2 种功能,可模拟不同地层条件下的湿式和干式燃烧。

3)三维比例物理模型

三维比例物理模型(图 1-4-3)是基于相似理论,按照一定的长度比、速度(或空气通量)比将油藏尺度缩小到实验室尺度,同时考虑温度场、压力场以及产出气体浓度等要素的相似性而建立的模型。也就是说,火驱模拟实验应主要考虑 3 种相似性,即流动相似、反应相似、温度场和压力场相似。三维比例物理模型可对正方形五点或九点井网、直井-水平井或水平井组合[如 TAHI,COSH(垂向燃烧辅助重力泄油)]等不同井网条件下的点火及燃烧过程进行模拟,能较为准确地反映油藏的生产动态、火腔扩展和注入流体的波及特征等,并可对火驱采收率进行预测。

国外比较有代表性的例子是英国 Bass 大学 Greaves 等建立的三维比例物理模型。该模型是一个壁面较薄的矩形箱体容器,其几何尺寸为 0.4 m(长)×0.4 m(宽)×0.1 m(高),最大工作压力为 500 kPa,实际工作压力不超过 270 kPa。在国内,中国石油勘探开发研究院、辽河油田分公司等也研制过此类装置,并从尺寸、最大工作压力等方面对 Greaves 等建立的模型进行了改进。其中,辽河油田分公司刘其成等根据辽河油田的地质特点,将模型最高工作压力提高到 15 MPa,中国石油勘探开发研究院的研究人员则将最高工作压力进一步提高到了 20 MPa。然而,由于实验技术难度大、前期准备工作繁多及实验周期长等原因,系统性的物理模拟实验研究难以实现,因此,基于物理模拟实验的机理研究亟需深入。

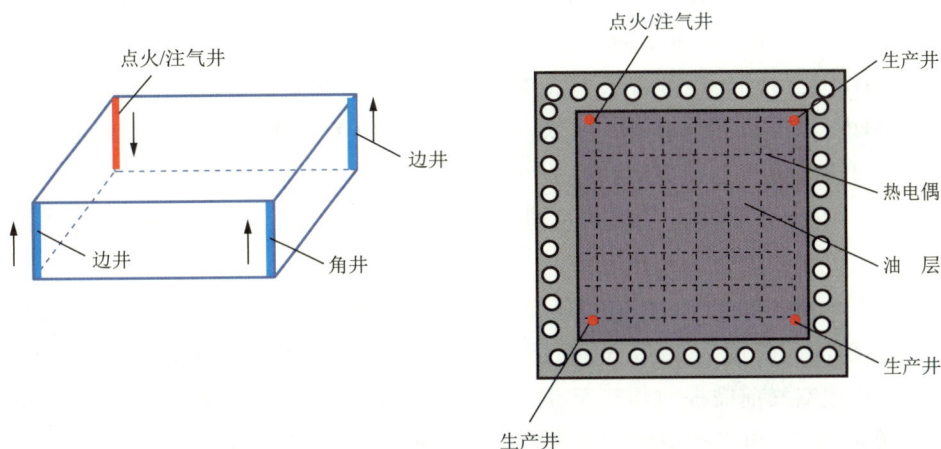

图 1-4-3　三维比例物理模型装置示意图

4）燃烧池（0 维模型）

除上述 3 种物理模拟实验装置外,美国斯坦福大学和中国石油大学(北京)先后建立了燃烧池实验装置,该装置可以对近似油层孔隙环境下原油与空气的反应动力学行为进行研究。其构造与燃烧釜有相似之处,不同之处在于燃烧池没有点火系统,它通过加热炉使反应系统线性升温,具体实验步骤将在后面章节介绍。

1.4.2　实验研究进展

由于原油在地下的燃烧属于阴燃过程,虽然不像爆炸反应和体相中明火燃烧反应那样剧烈,但也很难进行有效控制,尤其是燃烧不充分时会使油层性质发生巨大的变化,为后续其他开采方法的应用造成更大的困难。因此,在现场应用前,国内外众多研究人员就火驱过程中的化学反应和放热及传热机理进行了大量室内实验研究。

1）国外实验研究进展

火驱包含干式燃烧和湿式燃烧 2 种燃烧方式。表 1-3-1 中所列的 27 个火驱现场试验项目中,采用干式燃烧的有 18 个,采用湿式燃烧的有 5 个,剩下 4 个项目则是将 2 种方法结合起来。因此,针对这 2 种燃烧方式,人们开展了大量的理论和室内实验研究。

1962 年，Alexander 等研究了燃料的燃烧情况与原始含油饱和度、原油密度以及空气需求量的关系，指出低温氧化反应对于燃料的生成过程具有十分重要的影响，并分析了影响火烧驱油效果的主要因素。

1963 年，Thoma 提出了火驱过程中的能量守恒方程。

1963—1964 年，朱杰（Chu C.）提出了可估算维持燃烧所需要的最小空气流量的方法，称为朱氏法。1964 年，Ramey 提出了另一种估算维持燃烧所需要的最小空气流量的方法，称为 Ramey 法；同年，Strange 研究了自燃点火的条件并提出了计算公式。

1965 年，Wohlbler 通过实验对燃料与原始原油密度的关系进行了研究。

1966 年，Penberthy 等进行了干式正向燃烧的物理模拟实验，提出了燃烧前缘温度与原油饱和度、氧气含量与物质平衡及空气需求量的关系式。1972 年，Burger 进行了类似研究，得出了氧气与燃料间的反应关系式。

1969 年，Parrish 等进行了湿式正向燃烧物理模拟实验，深入探讨了影响各参数的因素，并提出了湿式燃烧的设计思路。

1973 年，Smith 和 Perkins 进行了湿式正向燃烧的一维燃烧管实验，他们将水和空气按一定比例注入长度为 1.75 m 的燃烧管中，燃烧管内充填油砂的渗透率为 $700 \times 10^{-3} \mu m^2$，转注空气前需提前预热至 315 ℃。他们通过实验得到了不同时刻（2 h，4 h，6 h）的温度剖面、产出气体中氧气含量以及原油的消耗情况。另外，他们还建立了湿式正向燃烧过程的数值模型，并将模拟结果与上述实验数据进行了对比。

1974 年，Garon 等开展了反向燃烧室内实验，讨论了影响火驱特性的因素。

1988 年，Sldql A. bu-Khamsln 等利用燃烧池实验装置对原油裂解反应进行了研究。实验是在 N_2 环境下进行的，并采用线性升温的方式对样品进行加热。结果表明，原油加热到 280 ℃以上时发生裂解反应，生成燃料；而在温度低于 280 ℃时发生蒸馏作用，此过程也会对燃料的生成产生影响，即改变实验压力及加热速率可影响蒸馏作用的大小，进而影响燃料的生成过程（主要指燃料生成量）。另外，他们还得出，黏土的存在有利于原油裂解生成燃料，其主要扮演催化剂的作用；原油中沥青质含量对燃料生成量也会产生影响。

1993 年，Burger 等通过干式燃烧实验得出单位体积油层的燃料消耗量为 16.6～18.2 kg，空气需求量为 193～232 m^3。同年，Greaves 等针对 Wolf Lake 稠油开展了三维火驱物理模型实验，设计了 3 种不同的水平井组合关系，分别对轻质油、中质油和稠油进行了研究。结果表明，THAI 火驱作为一种重力辅助层内燃烧法，其采收率高达 85%，从直井注空气、水平井采油的 THAI 火驱是稠油和中质油油藏应用高温氧化-非混相驱的一种十分有效的方法。

1995 年，Ocalan 等在给定的油藏条件下，通过火驱物理模拟实验得到了最终产油量、水分含量、产出气体含量等实验数据，进而分析了油藏火驱过程，并将实验结果与优化模型求得的数值结果进行了对比。

2000 年，Bagci 等开展了干式燃烧和湿式燃烧的室内模拟实验，他们发现，干式燃烧时燃料消耗速度随原油 API 值的降低(即稠油黏度的增大)而增大;湿式燃烧时,采用高的空气与水体积比时,燃料消耗量会随原油 API 值的增加而减小。另外,他们还给出了2 种燃烧方式的适用范围。

2009 年,Cinar 等利用燃烧池实验装置研究了油砂体系在线性升温条件下原油与空气的氧化反应动力学行为,并结合等转化率法计算得到反应的活化能指纹图。同年,Lapense 等研究了水对原油氧化反应的影响,他们发现,与干式燃烧相比,水蒸气的存在可大大降低低温氧化过程的耗氧量,并使反应时间延长;而对于高温氧化过程,水蒸气的存在则会造成 CO_2 含量增大以及 CO 含量减少。与干式燃烧相比,湿式燃烧火线前缘的温度更低,热利用效率更高。

2010 年,Priyanka 等开展了稠油 SARA 四组分(即饱和烃、芳香烃、胶质和沥青质)的热氧化敏感性实验,研究了不同组分的氧化反应路径和反应动力学行为。结果表明,稠油中最难被氧化的组分是沥青质,而最容易被氧化的组分是饱和烃。氧气含量、空气注入速度以及反应活化能对原油采收率的影响非常大,增加氧气含量可提高采收率,而过量的空气和过高的空气注入速度则会降低采收率。

2011 年,Bazargan 等提出了一个预测火驱能否成功实施的流程。该流程综合考虑了反应动力学行为(即活化能指纹图)、一维燃烧管实验、原油组分分析、基于燃烧管尺寸的数值模拟(具有足够高的精度,可区分不同的条带),并将物理模型尺寸的数值模拟结果扩展到油藏尺度。同年,Alamatsaz 等利用加拿大卡尔加里大学研制的具有良好隔热效果的圆锥形燃烧管(也称为燃烧反应器)对加拿大 Athabasca 沥青砂开展了火驱实验研究。结果表明,在 3.55 MPa 压力下,当空气通量降低至 3 $m^3/(m^2 \cdot h)$ 时,火线前缘可继续向前推进,原油采收率约为 70%。由于实验中选择的空气注入速度范围窄,无法合理确定稳定燃烧所需的最小空气注入速度。

2) 国内实验研究进展

1997 年,李少池等对辽河科尔沁油田庙 5 块原油进行了燃烧釜和一维燃烧管实验,并通过燃烧釜实验得出在庙 5 块可实现油层稳定燃烧的重要认识。他们指出,当通风强度小于 4 $m^3/(m^2 \cdot h)$ 时油层仍然维持稳定燃烧状态,同时对庙 5 块火驱过程中的温度剖面、产出气体浓度和产出液量以及气油比进行了分析。

2001 年,蔡文斌等利用一维燃烧管实验装置对胜利油田河口区块的湿式燃烧过程进行了模拟研究。结果表明,湿式燃烧过程中注入水和空气体积比应不小于 0.003 m^3/m^3,且在火线前缘推进到燃烧管长度的 25% 左右时为最佳注水时机。另外,相对于干式燃烧,湿式燃烧具有更高的热量利用率及最终采收率。

2002 年,谢志勤等通过自行研制的火驱物理模型进行了 2 次干式和 3 次湿式燃烧实验,给出了原油含水率、黏度以及含油饱和度等对火驱效果的影响。同年,李迎春等利用乐安油田南区的原油和模拟岩芯进行了燃烧釜及一维燃烧管实验,确定了点火温度、驱油效率以及采收率等参数。

2003 年,杨德伟等利用一维燃烧管实验装置,通过 1 次干式和 2 次湿式燃烧实验,确定了 2 种工艺条件下燃料的消耗量、氢碳原子比、空气需求量、火线前缘推进速度和原油采收率等,并将 2 种工艺进行了对比,研究了注入水和空气体积比对燃烧动态的影响,确定了合适的注水时机与注入水和空气体积比的范围。

2004 年,徐冰涛等针对鄯善油田轻质油油藏,开展了注空气低温氧化驱油室内实验研究。结果表明,该油田注空气后可发生低温氧化反应,氧化前缘可稳定推进。另外,他们还分别研究了 120 ℃,150 ℃和 180 ℃条件下原油的氧化行为,利用温度和产出物含量数据计算了反应的活化能和指前因子。由于等温实验在实际操作过程中很难实现,因此,该方法不能对原油燃烧过程中的温度变化情况进行准确测定,计算出的活化能和指前因子存在较大的误差。

2005 年,关文龙等利用自行研制的新型一维燃烧管对胜利油田郑 408 块地层岩芯和原油开展了火驱物理模拟实验研究,得出油藏的点火温度为 365~375 ℃,火驱前缘的推进速度与注气强度成正相关,在充分燃烧条件下火驱的高温环境能在某种程度上使敏感性储层的渗透性能得到改善,生产压差主要消耗在燃烧带前缘的高含油饱和度区。同年,赵东伟等利用燃烧管实验装置对辽河油田欢 127 块兴隆台油层原油开展了干式燃烧实验研究。结果表明,油层在 340 ℃条件下可以点燃,实验最终采收率达 83.1%。

2006 年,雷占祥等将一维燃烧管实验结果与数值模拟相结合,研究了火驱过程中的燃烧及传热机理。通过与湍流燃烧火焰温度和流化床床层波动信号分形维数的对比,他们得出火驱过程中的传热方式主要为热传导和气液相之间的热交换。

2010 年,关文龙等利用一维和三维火驱物理模拟实验装置,将火驱储层划分为 5 个区域,即已燃区、火墙(燃烧带)、结焦带、油墙、剩余油区。

2011 年,杨俊印通过一维燃烧管实验分析了火驱前后原油组成的变化以及火驱过程中产出气体组成和含量的变化,并利用色谱、质谱、红外等分析手段明确了火驱过程存在 3 个阶段,即低温氧化、中温裂解和高温氧化。同年,刘其成利用一维燃烧管实验装置获得了火驱的基本参数,分析了燃烧过程的稳定性,并利用三维比例物理模型研究了油藏纵向和平面非均质性、地层倾角等对火驱开采效果的影响,同时总结了油层纵向和平面温度场的变化情况。

2012 年,程海清等利用一维燃烧管对超稠油、特稠油和普通稠油开展了火驱物理模拟实验,对不同类型稠油的点火温度、燃料消耗量、驱油效率和产出气体浓度进行了分析。结果表明,超稠油油藏开展火驱试验是可行的。同年,袁士宝等利用燃烧管实验装置研究了预热温度、注气速度和助燃剂对原油点火和燃烧过程的影响。结果表明,当油层预热温度为 300 ℃时可将原油点燃且燃烧效果较好,当空气注入速度为 12~15 m³/min 时基本可保证通风强度;加入助燃剂可使火驱效果得到改善。

2014 年,中国石油大学(北京)赵仁保等对 Cinar 提出的方法进行了深入研究,完成了燃烧池实验装置以及实验方案的优化,建立了国内第一套燃烧池实验装置,完成了不同稠油与空气反应的活化能指纹图的测定,并将稠油按沸点的不同划分为不同沸程的拟组分,首次提出了利用部分(沸点高的)拟组分与空气反应的活化能来预测稠油反应活化能的方法,同时对稠油火驱过程中改质效果及敏感组分进行了分析和预测。

1.4.3 热分析方法在火驱室内研究中的应用

前文介绍的火驱物理模拟实验虽然可测定出一些火驱的基本参数,但是这些实验研究往往成本较高,且实验周期较长。

热分析方法是在程序控制温度的条件下,测试物质在加热(或冷却)过程中的物理和化学变化的一种技术。该技术可用于分析原油的燃烧、裂解过程,且实验成本低、周期短。

热分析方法包括热重法(TG)、差热分析法(DTA)、差示扫描量热法(DSC)、同步热分析法。后来又相继发展出适用于高压环境下的高压差热分析法(PDTA)、高压差示扫描量热法(PDSC)以及微分热重法(DTG)等。其中,热重法用于测量物质的质量与温度之间的关系;差热分析法用于测量试样与参比物之间的温度差随温度的变化关系;差示扫描量热法用于测量试样与参比物之间的能量差与温度之间的关系;同步热分析法是将上述分析方法联用,用于分析试样的性质,最常见的是 TG-DTA 和 TG-DSC。

热分析技术历史悠久,其早先被广泛应用于矿物、黏土、高分子材料、食品和煤炭等领域,但在石油行业却没有得到大量运用。直到 1959 年,Tadema 对油砂进行燃烧实验,得到了 DTA 曲线,发现了 2 个不同的反应阶段——低温氧化和高温燃烧。另外,他还提出了干式正向燃烧过程中空气需求量的计算方法,以及估算火驱采收率与已燃区火腔体积之间关系的方法。

1964 年,Coats 等利用 TG 及 DTA 数据,在积分法的基础上建立了一种新的模型,该模型需要假定反应级数以满足更好的线性关系,进而求出活化能。

1982 年,Colin R. Phillips 等应用 PDSC 和 TGA 对 Athabasca 油砂和沥青在空气和氮气中的氧化及裂解行为进行了研究,分别测得了氧化和裂解阶段的反应热。

1987 年,Nickle 等开展了高压环境下的差热扫描量热实验,研究了氧气分压对重质油(API 为 9.3°)燃烧行为的影响。结果表明,随着氧气分压的增大,低温氧化过程加剧,而高温燃烧过程中的峰值温度和平均温度降低。

1989 年,Shapour Yossoughl 等开展了油砂的 TGA 实验,分析了油砂的比表面积、氧气分压以及原油含量对原油高温氧化行为的影响。实验中采用的岩石比表面积分别为 0.126 m²/g 和 24.3 m²/g,氧气分压分别为 5 kPa 和 50 kPa,原油含量分别为 10% 和 58%。结果表明,原油火驱过程包括 3 个阶段,即蒸馏、低温氧化和高温燃烧;燃烧速率与油砂的比表面积、氧气分压以及原油含量的关系遵循 Arrhenius 公式。

1993 年,Kök 等利用 DSC 和 DTA 分析了稠油的裂解和燃烧行为,在实验过程中观察到了 3 个不同的反应区域,即低温氧化、中温裂解和高温氧化,并通过 DSC 和 DTA 曲线求解了动力学参数。

1995 年,Kök 等开展了原油在高压下的热重实验,研究了原油在 0.689 MPa、1.379 MPa 和 2.068 MPa 下的反应特性,并观察到了 3 个不同的反应阶段,即低温氧化、中温裂解和高温燃烧,同时提出了固相热分解反应的方程,可用于求解 3 个反应阶段的活化能。

2009 年,华中科技大学朱文兵等对辽河油田的 3 种原油进行了热重分析实验,求出了 3 种原油在不同升温速率和不同温度区间的动力学参数,并将 3 种原油与油砂以一定的比例混合,分别在 200 ℃和 400 ℃的条件下进行了恒温热重实验,研究了油砂对原油低温氧化的影响;同时,在不同的升温速率下,利用同步热分析法中的 TG-DTA(DSC)对 3 种油砂进行了研究,并与油砂的热分析结果进行了比较,发现原油与油砂混合物的低温氧化反应更加剧烈。

2012 年,贾虎等采用 TG-DTG-DTA 热分析手段对塔里木油田某油藏的原油进行了热分析实验,研究了原油氧化行为产生差异的原因,明确了全岩矿物中具备催化能力的组分以及惰性组分,并就黏土矿物类型对原油氧化催化效果的影响进行了研究。结果表明,黏土矿物对原油与空气氧化催化的能力由大到小依次为蒙脱石、伊利石、绿泥石、高岭石。

通过对国内外火驱油层物理模拟装置、实验研究进展的调研,笔者发现,室内实验的主要目的是通过研究火驱的化学反应机理来对现场试验进行指导和预测。因此,围绕这个目标而开展的研究内容是比较丰富的,主要包括:

（1）火驱反应机理研究,如反应动力学特征、反应阶段的识别等;

（2）火线前缘推进稳定性的分析评价;

（3）火驱技术参数(如点火温度、火线推进速度、氧气利用率、氢碳原子比、燃料消耗量、空气需求量、驱油效率以及气油比等)的测定。

热分析方法虽然可以结合热分析和反应动力学相关理论计算出活化能和指前因子,给出反应的动力学模型,但由于这些方法所用的原油样品量少,实验条件很难与实际储层或者燃烧管实验保持一致,并且缺少像燃烧管那样的气流特性。因此,热分析方法应与燃烧管等物理模拟装置结合使用。

1.5 本章小结

本章主要介绍了环烷基稠油的定义及用途、火驱技术发展情况、火驱理论研究进展及趋势、国内外实验研究进展等内容,得到的主要认识有:

（1）环烷烃作为一种具有特殊功能的组分,使环烷基稠油开发的重要性更加凸显,如何经济高效地开发这类油藏显得极为重要。

（2）稠油火驱室内研究发展经历了从定性到定量、从简单到复杂的过程。早期的定量研究主要考虑原油本身的性质参数,如点火温度、反应速度等。

（3）实验手段的发展离不开其他学科研究手段的发展,如高分子热分析手段被应用到稠油反应动力学行为的研究中,但稠油储层的复杂性,尤其是储层非均质性的特点,在很大程度上使室内研究结果对现场的指导效果变差。

基于上述分析,进一步发展室内研究手段,将储层和流体的物性参数考虑进来,研究多变量作用下稠油火驱过程中火腔的扩展和实际的生产动态之间的量化关系,从而为实际火驱方案的优化和效果预测提供理论参考。

第 2 章
火驱物理模拟相似理论研究

2.1 物理模拟的理论基础

油藏物理模拟的实质是在尺度较小的室内物理模型中模拟地层真实状况,即将遵循相似准则按一定比例缩小的实际油藏置于尺度较小的室内物理模型中,探究流体流动和热传导规律、化学反应特征及对应的温度场等物理和化学作用特征。但由于实际油藏的复杂性,所有的相似准则并不能同时满足,应根据主要反应和驱油机理及实验条件筛选起主导作用的相似准则数组。物理模拟实验是研究原型实际物理化学现象的重要方法,对于数值计算有较大难度的复杂流动和化学反应现象具有一定的优势,与矿场试验相比,还具有易调控、可复制、经济有效的特点。

2.1.1 相似理论概述

相似理论是物理模拟的基础。相似理论涉及 2 个系统:一个为原型系统,即目标油藏;另一个为模型系统,即根据相似条件建立的物理模型。根据相似理论和特定油藏的物理、化学现象,可得到一系列的相似准则,从而为模型设计、模型参数和原型参数之间的量化关系以及如何将实验结果对应到实际油藏等问题的解决奠定基础。

相似理论基于以下 3 个相似定理:

(1)相似第一定理。相似第一定理主要用于确定模型实验需要研究(或确定)哪些关键参数。相似第一定理也称相似正定理,即彼此相似的物理、化学现象必定具有数值相同的特征数(即相似准则数),必须服从同样的客观规律。若该规律能用方程表示,则物理方程式必须完全相同,且对应的相似准则数值必定相等。

(2)相似第二定理。相似第二定理主要用于解决实验数据如何处理的问题,其具体内容为描述各相似物理、化学现象的相似准则数之间的函数关系。凡是同一类物理、化学现象,当单值条件相似且由单值条件中的物理量组成的相似准则对应相等时,则这些现象必定相似。

(3)相似第三定理。相似第三定理是判定各物理、化学现象是否相似的充分必要条件,其具体内容为准则数组相等或者单值性条件相似的物理、化学现象彼此相似。

相似理论通过应用相似准则来建立原型和模型中相似现象之间的关系。在实际操作中,要想使原型和模型所有的相似准则相等是不现实的,因此需要选择适用的相似准则来保证反映主要现象和本质的相似准则相等。只有按照相似条件严格转化的室内物理模型才能较好地反映原型实际的物理、化学过程,得到符合实际的实验结果,保证数据的合理性。

2.1.2 相似准则的推导方法

相似准则是设计和研制物理模型的基础,包括几何相似、动力相似、流动相似以及初始边界条件相似等。获得油藏某种开采方式下的相似准则主要有 2 种方法:一种是方程分析法,即根据描述特定物理、化学现象的偏微分方程进行相似分析;另一种是量纲分析法(也称因次分析法),即将驱油机理所包含的参数(或变量)进行无因次化组合。

方程分析法是一种检验分析法,具体方法为:

(1)列出描述各物理、化学现象以及热效应等的一系列偏微分方程,即油藏某种开采方式下的数学模型;

(2)将方程中的特殊参数无因次化,并代入上述各偏微分方程中,使方程中每一项因式的因次保持相同;

(3)将方程中的每一项进行两两组合,化为无因次量,即所需的相似准则。

该方法的优点是根据一系列有明确物理意义的方程组转化而来,所得相似准则的物理意义清晰;缺点是偏微分方程并不涵盖所有的参数,往往会遗漏一些物理参数,导致获得的相似准则数组不完整。

因次分析法需要事先分析出该油藏某种开采方式下涉及的所有变量,以便进行相似分析,具体方法为:

(1)列出描述该机理的所有参数;

(2)选择质量、时间、长度作为基本量,利用表格列出上述所有参数的单位及因次;

(3)将几个独立参数进行适当组合,构成非独立参数,运用因次一致性原则求出相应的指数,即可获得相应的相似准则。

该方法的优点是简单且所含参数较全面,缺点是引入的物理量过于繁杂且具有任意性,所得相似准则的物理意义有待于深入分析。

根据方程分析法和因次分析法各自的特点,实际应用中一般优先采用方程分析法获得物理意义明确的相似准则,再根据因次分析法并结合驱油机理,补充数学模型中遗漏的相关参数,将它们组合在一起形成更加合理的相似准则数组。

当某种新型开采方式的作用机理尚未探究清楚时,将无法确定描述相应物理、化学现象的偏微分方程组或所有涉及的相关参数是否齐全,这时可从室内物理模拟实验过程及相关机理出发,推导出相应的相似准则数组,具体方法为:

(1)将复杂的驱油过程分解成若干物理、化学机理的组合,分析、描述各物理、化学机理的相似准则数组;

(2)将代表原型模型中的关键物理、化学现象的相似准则数组进行化简组合,形成一些复合的准则数组,这将有利于实验结果的处理,简化相似准则群;

(3)由于实验结果的表征需要根据相似准则才能转化为原型参数,从而对现场实际起到预测和指导作用,因此在简化相似准则数组的过程中,需要与实验设计及测量结果结合起来,运用实验设计和测量涉及的相关参数来描述实际过程中的复杂现象,构成需要的相似准则群。

2.2　三维火驱辅助重力泄油相似准则的推导

2.2.1　火驱数学模型的建立

火驱机理非常复杂,涉及多相多组分及各类物理、化学反应。

1)基本假设

(1)火驱过程中共包含四相(油相、气相、水相和固相焦炭)和七组分,其中油相划分为轻组分(沸点不大于 300 ℃)和重组分(沸点大于 300 ℃),气相包括注入的 O_2、惰性气体和 CO_x(CO 和 CO_2);

(2)单位体积油层内满组相平衡和热平衡;

(3)忽略由于分子扩散与热扩散引起的传质传热;

(4)不考虑岩石的压缩性和热膨胀;

(5)不考虑毛管压力作用;

(6)模型内部设有绝缘层,不考虑热损失;

(7)岩石的内能是温度的线性函数。

2)基本方程

下列各方程均来源于文献。

(1)反应动力学方程。

可将火驱过程中包含的复杂化学反应用以下 4 个反应式(式中 s 为系数,r 为反应速率)描述。

①原油裂解过程:

$$原油 \xrightarrow{r_{cf}} s_1 LH + s_2 HH + s_3 Coke + s_4 N_2$$

② 轻组分(LH)氧化过程：

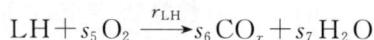

$$LH + s_5 O_2 \xrightarrow{r_{LH}} s_6 CO_x + s_7 H_2O$$

③ 重组分(HH)氧化过程：

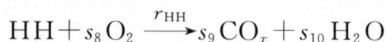

$$HH + s_8 O_2 \xrightarrow{r_{HH}} s_9 CO_x + s_{10} H_2O$$

④ 焦炭(Coke)燃烧过程：

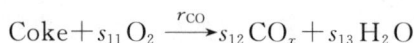

$$Coke + s_{11} O_2 \xrightarrow{r_{CO}} s_{12} CO_x + s_{13} H_2O$$

(2) 质量守恒方程。

① 由于 O_2，CO_x，N_2 只存在于气相中，相应的质量守恒方程应具有相同的形式：

$$\frac{\partial}{\partial t}(\phi s_g \rho_g y_i) = \nabla\left[\rho_g y_i \frac{k_g}{\mu_g}(\nabla p + \rho g\,\nabla h)\right] - (s_5 r_{LH} + s_8 r_{HH} + s_{11} r_{CO}) +$$
$$s_4 r_{cf} + (s_6 r_{LH} + s_9 r_{HH} + s_{12} r_{CO}) \tag{2-2-1}$$

式中　ϕ——油层孔隙度；

s_g——气相饱和度；

ρ_g——气相密度；

y_i——气相组分 i 的含量；

h——油层厚度；

μ_g——气相黏度；

p——油层压力；

k_g——气相渗透率；

g——重力加速度；

ρ——流体密度；

$\frac{\partial}{\partial t}(\phi s_g \rho_g y_i)$——单位体积油层中某气相组分在单位时间内的质量变化；

$\nabla\left[\rho_g y_i \frac{k_g}{\mu_g}(\nabla p + \rho g\,\nabla h)\right]$——某气相组分在单位时间内通过单位体积的质量增量；

$s_5 r_{LH} + s_8 r_{HH} + s_{11} r_{CO}$——反应消耗的某气相组分在单位时间、单位体积内的质量；

$s_6 r_{LH} + s_9 r_{HH} + s_{12} r_{CO}$——反应生成的某气相组分的质量；

$s_4 r_{cf}$——注入空气中氮气的质量。

若考虑各向异性的影响(即模拟重力作用，考虑垂直渗透率)，则有：

$$\nabla\left[\rho_g y_i \frac{k_g}{\mu_g}(\nabla p + \rho g\,\nabla h)\right] = \frac{\partial}{\partial x}\left[\rho_g y_i \frac{k_H k_{rg}}{\mu_g}\left(\frac{\partial p}{\partial x} + \rho g\frac{\partial h}{\partial x}\right)\right] + \frac{\partial}{\partial y}\left(\rho_g y_i \frac{k_H k_{rg}}{\mu_g}\frac{\partial p}{\partial y}\right) +$$
$$\frac{\partial}{\partial z}\left[\rho_g y_i \frac{k_V k_{rg}}{\mu_g}\left(\frac{\partial p}{\partial z} + \rho g\frac{\partial h}{\partial z}\right)\right] \tag{2-2-2}$$

式中　k_H，k_V——垂直、水平渗透率；

k_{rg}——气相相对渗透率；

x, y, z——空间 3 个方向。

② 水相以气、液 2 种状态存在，有：

$$\frac{\partial}{\partial t}\big[\phi(s_g\rho_g y_i+s_w\rho_w)\big]=\frac{\partial}{\partial x}\bigg[\Big(\rho_g\frac{k_g}{\mu_g}y_i+\rho_w\frac{k_w}{\mu_w}\Big)(\nabla p+\rho g\,\nabla h)\bigg]+$$
$$(s_7 r_{LH}+s_{10} r_{HH}+s_{13} r_{CO}) \qquad (2\text{-}2\text{-}3)$$

式中　s_w——水相饱和度；

ρ_w——水相密度；

k_w——水相渗透率；

μ_w——水相黏度；

$\dfrac{\partial}{\partial t}\big[\phi(s_g\rho_g y_4+s_w\rho_w)\big]$——单位时间、单位油层体积气相中水蒸气及液态水的质

量变化量；

$\dfrac{\partial}{\partial x}\bigg[\Big(\rho_g\dfrac{k_g}{\mu_g}y_4+\rho_w\dfrac{k_w}{\mu_w}\Big)(\nabla p+\rho g\,\nabla h)\bigg]$——气相中水蒸气及液态水在单位时间内

通过某单元体的质量增量；

$s_7 r_{LH}+s_{10} r_{HH}+s_{13} r_{CO}$——反应生成的水的质量。

③ 对于油相，有：

$$\frac{\partial}{\partial t}(\phi s_o\rho_o x_1+\phi s_o\rho_o x_2)=\nabla\bigg[\frac{\rho_o k_o x_1}{\mu_o}(\nabla p+\rho g\,\nabla h)+\frac{\rho_o k_o x_2}{\mu_o}(\nabla p+\rho g\,\nabla z)\bigg]+$$
$$(s_1 r_{cf}-r_{LH})+(s_2 r_{cf}-r_{HH}) \qquad (2\text{-}2\text{-}4)$$

式中　x_1, x_2——轻组分、重组分的含量；

s_o——油相饱和度；

ρ_o——油相密度；

k_o——油相渗透率；

μ_o——油相黏度；

$\dfrac{\partial}{\partial t}(\phi s_o\rho_o x_1+\phi s_o\rho_o x_2)$——单位时间、单位体积油层中油相的质量变化量；

$\dfrac{\rho_o k_o x_1}{\mu_o}(\nabla p+\rho g\,\nabla h)$——单位时间轻组分通过某单元体的质量增量；

$\dfrac{\rho_o k_o x_2}{\mu_o}(\nabla p+\rho g\,\nabla z)$——单位时间重组分通过某单元体的质量增量；

$s_1 r_{cf}-r_{LH}$——单位时间、单位体积内反应生成与消耗轻组分的质量差（剩余轻组

分的质量）；

$s_2 r_{cf}-r_{HH}$——剩余重组分的质量。

④ 对于焦炭，有：

$$s_3 r_{cf}-r_{CO}=\frac{\partial}{\partial t}(\rho_c\phi_c) \qquad (2\text{-}2\text{-}5)$$

式中　ρ_c——焦炭密度；

ϕ_c——焦炭所占的孔隙度；

$s_3 r_{cf} - r_{CO}$——单位时间、单位体积内裂解生成及氧化消耗焦炭的质量差（剩余焦炭的质量）；

$\dfrac{\partial}{\partial t}(\rho_c \phi_c)$——单位时间、单位体积油层中焦炭的变化量。

（3）能量守恒方程（未考虑热损失）。

$$\frac{\partial}{\partial t}\big[(1-\phi_o)\rho_r C_r T + \phi_c \rho_c C_c T + \phi(s_g \rho_g C_g T + s_w \rho_w C_w T + s_o \rho_o C_o T)\big] =$$

$$Q_j + \nabla\bigg[\Big(\rho_g \frac{k_g}{\mu_g} h_g + \rho_w \frac{k_w}{\mu_w} h_w + \rho_o \frac{k_o}{\mu_o} h_o\Big)\nabla p\bigg] + \nabla(\lambda \nabla T) + H_{LH} r_{LH} + H_{HH} r_{HH} + H_{CO} r_{CO}$$

$$(2\text{-}2\text{-}6)$$

式中　ϕ_o——油相所占的孔隙度；

　　　C_r, C_c, C_g, C_w, C_o——岩石、焦炭、气相、水相、油相的比热容；

　　　ρ_r——岩石密度；

　　　T——油层温度；

　　　λ——导热系数；

　　　H_{LH}, H_{HH}, H_{CO}——轻组分、重组分、焦炭的热焓；

　　　h_g, h_w, h_o——气相、水相、油相的热焓；

　　　$(1-\phi_o)\rho_r C_r T + \phi_c \rho_c C_c T + \phi(s_g \rho_g C_g T + s_w \rho_w C_w T + s_o \rho_o C_o T)$——单位时间、单位体积油层中岩石焓增、焦炭焓增、蒸汽焓增、水焓增、油焓增之和；

　　　$\Big(\rho_g \dfrac{k_g}{\mu_g} h_g + \rho_w \dfrac{k_w}{\mu_w} h_w + \rho_o \dfrac{k_o}{\mu_o} h_o\Big)\nabla p$——单位时间内净流入单位体积油层的油相、气相、水相的热量；

　　　$\nabla(\lambda \nabla T)$——单位时间、单位体积油层中由热传导净传递的热量；

　　　$H_{LH} r_{LH} + H_{HH} r_{HH} + H_{CO} r_{CO}$——轻组分、重组分氧化及焦炭燃烧放出的热量之和；

　　　Q_j——单位时间、单位体积内注入油层的能量。

$$Q_j = q_g C_g \Delta T + q_w C_w \Delta T \qquad (2\text{-}2\text{-}7)$$

式中　q_g, q_w——单位时间、单位体积内注入气量、注入水量；

　　　ΔT——温度变化。

（4）边界条件和初始条件。

$$s_o(x, y, t=0) = s_{oi}(x, y) \qquad (2\text{-}2\text{-}8)$$

$$s_w(x,y,t=0)=s_{wi}(x,y) \tag{2-2-9}$$

$$p(x,y,t=0)=p_i(x,y) \tag{2-2-10}$$

$$T(x,y,t=0)=T_f(x,y) \tag{2-2-11}$$

$$\frac{w_{O_2}}{w_{N_2}}=\frac{21}{79} \quad (\text{模型内部为空气}) \tag{2-2-12}$$

式中　t——时间；

s_{oi},s_{wi}——油相、水相初始饱和度；

p_i——初始压力；

T_f——储层温度；

w——质量分数。

若假设流过上下边界（盖层和底层）的质量流量为零，则有：

$$\rho_o v_{on}=-\frac{k_o\rho_o}{\mu_o}(\nabla p_{on}+\rho_o g\,\nabla_n h)=0 \tag{2-2-13}$$

$$\rho_g v_{gn}=-\frac{k_g\rho_g}{\mu_g}(\nabla p_{gn}+\rho_g g\,\nabla_n h)=0 \tag{2-2-14}$$

$$\rho_w v_{wn}=-\frac{k_w\rho_w}{\mu_w}(\nabla p_{wn}+\rho_w g\,\nabla_n h)=0 \tag{2-2-15}$$

式中　v_{on},v_{gn},v_{wn}——油相、气相、水相流速。

对于注气井，注入气体的质量流量等于通过注气井过流面积 A 的气体渗流量，即

$$\int_{Ainj}\frac{k_g\rho_g}{\mu_g}(\nabla p_0+\rho_0 g\,\nabla h)\mathrm{d}A=q_g \tag{2-2-16}$$

式中　p_0——井底压力；

ρ_0——气体在井底的密度。

对于生产井，模型的出口压力为定压值（根据实验要求设定的不同数值）。

辅助方程为：

$$s_o+s_g+s_w=1 \tag{2-2-17}$$

$$\sum y_i=1 \tag{2-2-18}$$

$$\phi=\phi_o-\phi_c \tag{2-2-19}$$

$$y_i=\frac{p_{sat}(T)}{p} \tag{2-2-20}$$

$$k_{ro}=k_{ro}(s_o,s_w) \tag{2-2-21}$$

$$k_{rw}=k_{rw}(s_o,s_w) \tag{2-2-22}$$

$$k_{rg}=k_{rg}(s_o,s_g) \tag{2-2-23}$$

$$(\rho_i,\mu_i,B_i,h_i)=f(p_i,T,\text{组分}\,i) \tag{2-2-24}$$

式中　p_{sat}——饱和压力；

k_{ro},k_{rw}——油相、水相相对渗透率；

B_i——组分 i 的体积系数。

2.2.2 相似准则的推导

理论上,随着环境温度的升高,氧化反应速率加快。但是,Binder 通过研究环境温度对火驱实验的影响发现,环境温度对实验结果影响不大,这证明了火驱过程中热量的产生由氧气的质量传递控制,并用实验证明了该条件下用比例模型模拟实际油藏的有效性。因此,在物理模拟过程中,考虑到燃烧化学反应的复杂性,可忽略燃烧反应动力学参数对火驱实验的影响。

鉴于前人比例模型的研究方法,根据相似理论,可利用方程分析法详细推导三维火驱辅助重力泄油相似准则群,并用因次分析法进行补充。

1) 方程分析法

首先引入基本无因次量,其中独立变量无因次化形式(下标 D 表示无因次)如下:

$$x_D=\frac{x}{L_x}, \qquad y_D=\frac{y}{L_y}, \qquad z_D=\frac{z}{L_z}, \qquad t_D=\frac{vAt}{\phi AL\Delta s}=\frac{vt}{\phi L_x\Delta s} \qquad (2\text{-}2\text{-}25)$$

因变量(压力 p、温度 T、含水饱和度 s_w 和相对渗透率 k_{ro},k_{rw})的无因次化形式分别如下:

$$p_D=\frac{kp}{v\mu_o L_x}, \qquad T_D=\frac{T-T_f}{T_{max}-T_f}, \qquad s_w^*=\frac{s_w-s_{wi}}{\Delta s}, \qquad k_{roD}=\frac{k_{ro}}{k_{cow}}, \qquad k_{rwD}=\frac{k_{rw}}{k_{wro}}$$

$$(2\text{-}2\text{-}26)$$

式中　　k——绝对渗透率;

T_{max}——储层最高温度;

s_w^*——归一化含水饱和度;

Δs——油水同流区饱和度;

k_{cow}——束缚水时的油相渗透率;

k_{wro}——残余油时的水相渗透率。

将上述无因次量代入各偏微分方程中,此时方程中的每一项均具有相同的因次,将方程中的每一项系数除以其中的某一项,则可得到相应的无因次方程组,抽取出方程中每一项的系数即相似准则数,由此获得的相似准则群(相似准则用 π 表示)可归纳为:

$$\left.\begin{array}{l}\phi,k_{ro},k_{rw},k_{rg},s_o,s_w,s_g,\pi_1=\frac{L_x}{L_y},\pi_2=\frac{L_x}{L_z},\pi_3=\frac{\rho_g}{\rho_w},\pi_4=\frac{\rho_o}{\rho_w},\pi_5=\frac{\mu_g}{\mu_w},\pi_6=\frac{\mu_o}{\mu_w}, \\ \pi_7=\frac{\rho gk_H}{v\mu_o},\pi_8=\frac{C_g}{C_w},\pi_9=\frac{C_o}{C_w},\pi_{10}=\frac{\rho_o C_o}{\rho_r C_r},\pi_{11}=\frac{\rho_r C_r}{\rho_w C_w},\pi_{12}=\frac{\lambda_o}{\lambda_w},\pi_{13}=\frac{\lambda_g}{\lambda_w}, \\ \pi_{14}=\frac{\lambda_r}{\lambda_w},\pi_{15}=\frac{k_V}{k_H},\pi_{16}=\frac{q_w}{q_g},\pi_{17}=\frac{q_g L}{\rho g v},\pi_{18}=\frac{\rho Cv L}{\lambda},\pi_{19}=\frac{\rho_g v}{q_g},\pi_{20}=\frac{\rho gk_H}{v\mu_o}\end{array}\right\} \quad (2\text{-}2\text{-}27)$$

式中　$\lambda_o,\lambda_w,\lambda_g,\lambda_r$——油相、水相、气相、岩石的导热系数；

　　　L——注采井距。

目前提出的火驱模型中均未考虑水平井井筒内的流动，而在 THAI 和蒸汽辅助重力泄油（SAGD）等火驱新技术中，水平井涉及重要的驱油机理，其将油藏内流体流动及井筒内的 2 种不同流动方式关联起来。水平井井筒内的流动特征为一个等截面变质量流，流体流动的惯性力不能忽略，即水平井井筒内流动的相似准则为水平井井筒内流动的惯性力与黏滞力之比，即

$$Re = \frac{\rho v d}{\mu} \qquad (2\text{-}2\text{-}28)$$

式中　Re——雷诺数；

　　　d——直径。

对个别相似准则进行变换可得：

$$\pi_7 = \frac{\rho g k_H}{v \mu_o} = \frac{\rho g L k_H}{v \mu_o L} = \frac{\rho g L}{\Delta p} \qquad (2\text{-}2\text{-}29)$$

$$\pi_{17} = \frac{q_g L}{\rho g v} = \frac{\rho v_g A L}{V \rho v_o} = \frac{G}{v_o} = \frac{G \mu_o L}{k_H \Delta p} \qquad (2\text{-}2\text{-}30)$$

$$\pi_{18} = \frac{\rho C v L}{\lambda} = \frac{\rho C L^2}{\lambda t} \qquad (2\text{-}2\text{-}31)$$

$$\pi_{19} = \frac{\rho_g v}{q_g} = \pi_{17} \qquad (2\text{-}2\text{-}32)$$

$$\pi_{20} = \frac{\rho g k_H}{v \mu_o} = \pi_7 \qquad (2\text{-}2\text{-}33)$$

$$\pi_{20} t_D = \frac{k \rho g t}{\phi \Delta s \mu L} \qquad (2\text{-}2\text{-}34)$$

式中　G——通风强度。

由此可知，π_7 与 π_{20}，π_{17} 与 π_{19} 准则（或参数）的物理意义相同，可合去其中一个。

2）因次分析法

由于基于方程分析法所获得的控制方程中没有包含全部变量，因此运用因次分析法可做进一步补充。上述描述火驱系统涉及的全部变量共 30 个（下标 i 表示初始），详列如下：

$$L_x, L_y, h, t, T, \phi, k, \mu_{oi}, \mu_{wi}, \mu_{gi}, \rho_{oi}, \rho_{wi}, \rho_{gi}, k_{ro}, k_{rw}, k_{rg}, s_o,$$
$$s_w, C_o, C_w, C_g, \rho_r C_r, \rho_c C_c, \lambda_o, \lambda_w, \lambda_g, \lambda_r, v \text{ 或 } \Delta p, q_g, q_w$$

另外，排除基本量后，根据 π 定理，方程分析法获得的相似准则有所遗漏，因此采用因次分析法进行补充。

表 2-2-1 列出了所有变量符号、量纲以及相关描述。

表 2-2-1　火驱涉及的相关变量

变　量	量　纲	物理意义	变　量	量　纲	物理意义
L	L	注采井距	s_{oi}	1	油相初始饱和度
h	L	油层厚度	T	Θ	储层温度
t	T	时　间	C_o	$L^2/(\Theta T^2)$	油相比热容
ϕ	—	孔隙度	C_w	$L^2/(\Theta T^2)$	水相比热容
p	$M/(LT^2)$	油层压力	C_g	$L^2/(\Theta T^2)$	气相比热容
k	L^2	绝对渗透率	$\rho_r C_r$	$M/(T^2\Theta L)$	岩石热容
μ_o	$M/(LT)$	油相黏度	$\rho_c C_c$	$M/(T^2\Theta L)$	焦炭热容
μ_g	$M/(LT)$	气相黏度	λ_o	$ML/(\Theta T^2)$	油相导热系数
μ_w	$M/(LT)$	水相黏度	λ_g	$ML/(\Theta T^2)$	气相导热系数
ρ_o	M/L^3	油相密度	λ_w	$ML/(\Theta T^2)$	水相导热系数
ρ_g	M/L^3	气相密度	λ_r	$ML/(\Theta T^2)$	岩石导热系数
ρ_w	M/L^3	水相密度	v	L/T	油层中液相运移速度
k_{ro}	1	油相相对渗透率	q_w	$M/(L^3 T)$	单位时间、单位体积内注入水量
k_{rw}	1	水相相对渗透率	q_g	$M/(L^3 T)$	单位时间、单位体积内注入气量
k_{rg}	1	气相相对渗透率			

由因次分析法获得的相似准则群如下：

$$\phi, k_{ro}, k_{rw}, k_{rg}, s_o, s_w, s_g, \pi_1=\frac{L_x}{L_y}, \pi_2=\frac{L_x}{L_z}, \pi_3=\frac{\rho_g}{\rho_w}, \pi_4=\frac{\rho_o}{\rho_w}, \pi_5=\frac{\mu_g}{\mu_w}, \pi_6=\frac{\mu_o}{\mu_w}, \pi_7=\frac{L^2\rho t^2}{\Delta p},$$

$$\pi_8=\frac{C_g}{C_w}, \pi_9=\frac{C_o}{C_w}, \pi_{10}=\frac{\rho_b C_b}{\rho_r C_r}, \pi_{11}=\frac{\rho_r C_r}{\rho_w C_w}, \pi_{12}=\frac{\lambda_o}{\lambda_w}, \pi_{13}=\frac{\lambda_g}{\lambda_w}, \pi_{14}=\frac{\lambda_r}{\lambda_w}, \pi_{15}=\frac{k_V}{k_H}, \pi_{16}=\frac{q_w}{q_g},$$

$$\pi_{17}=\frac{L^2}{k}, \pi_{18}=\frac{L^2\rho}{t\mu}, \pi_{19}=\frac{L^2}{t^2 TC}, \pi_{20}=\frac{L^4\rho}{t^2 T\lambda}, \pi_{21}=\frac{L}{tv}, \pi_{22}=\frac{\rho}{tq}, \pi_{23}=\frac{T}{T_f}, \pi_{24}=\frac{s-s_{wi}}{\Delta s}$$

$$(2\text{-}2\text{-}35)$$

对比上述 2 种方法获得的相似准则可知，方程分析法遗漏的相似准则中较为重要的是：$\pi_{17}=\dfrac{L^2}{k}$，用于描述平均孔隙大小的相似；$\pi_{18}=\dfrac{L^2\rho}{t\mu}=\dfrac{\rho v L}{\mu}=\dfrac{\rho L\sqrt{k}}{t\mu}$，用于表示雷诺数（即惯性力和黏滞力之比）。

2.2.3　相似准则的初步筛选及物理意义分析

1）相似准则的简化

假设条件：几何相似，油藏流体和岩石性质相同，初始边界条件（s_{oi}, s_{wi}, ϕ, p_i, T_f）相同。

根据上述假设条件,由方程分析法获得的相似准则可简化为:

$$\pi_7 = \frac{\rho g L}{\Delta p} \quad \Rightarrow \quad \left(\frac{\Delta p}{L}\right)_M = \left(\frac{\Delta p}{L}\right)_F \tag{2-2-36}$$

$$\pi_{17} = \frac{G}{v_o} = \frac{G\mu_o L}{k_H \Delta p} \quad \Rightarrow \quad \left(\frac{v}{L^2}\right)_M = \left(\frac{v}{L^2}\right)_F, \quad \left(\frac{G}{L^2}\right)_M = \left(\frac{G}{L^2}\right)_F \tag{2-2-37}$$

$$\pi_{18} = \frac{\rho C L^2}{\lambda t} \quad \Rightarrow \quad \left(\frac{t}{L^2}\right)_M = \left(\frac{t}{L^2}\right)_F \tag{2-2-38}$$

式中　下标 M——室内模型;

　　　下标 F——现场原型。

结合因次分析法获得的相似准则 $\left(\frac{k}{L^2}\right)_M = \left(\frac{k}{L^2}\right)_F$,可将上述相似准则归纳为:

$$\frac{\Delta p_M}{\Delta p_F} = \frac{L_M}{L_F} = \sqrt{\frac{v_M}{v_F}} = \sqrt{\frac{t_M}{t_F}} = \sqrt{\frac{k_M}{k_F}} \tag{2-2-39}$$

将上述关系分别代入相似准则 $\frac{\rho L \sqrt{k}}{t\mu}$ 和 $\frac{k\rho g t}{\phi \Delta s \mu L}$ 中,有 $\frac{\rho L k^{1/2}}{t\mu_o} \Rightarrow \frac{L\sqrt{k}}{t} = 1$,与上述关系一致,而 $\frac{k\rho g t}{\phi \Delta s \mu_o L} \Rightarrow (kL)_M = (kL)_F$,与上述关系矛盾,因此上述相似准则并不能完全满足,必须舍掉一些次要因素。

若式(2-2-39)满足上述条件,假设原型与模型比例因子 $a = = 100:1$,则有:

$$v_F / v_M = 10^4, \qquad k_F / k_M = 10^4 \tag{2-2-40}$$

但上述实验条件很难满足,因此必须忽略相似准则:

$$\left(\frac{k}{L^2}\right)_M = \left(\frac{k}{L^2}\right)_F \tag{2-2-41}$$

则剩余的相似准则为:

$$\frac{\rho g L}{\Delta p}, \quad \frac{\rho C L^2}{\lambda t}, \quad \frac{G\mu_o L}{k_H \Delta p}, \quad \frac{\rho v k^{1/2}}{\mu_o}, \quad \frac{k\rho g t}{\phi \Delta s \mu_o L} \tag{2-2-42}$$

为了充分发挥 SAGD 火驱及 THAI 火驱的优势,必须模拟重力作用的影响,即必须考虑 $\frac{\rho g L}{\Delta p}$[式(2-2-29)]。由于 $v = \frac{k\Delta p}{\mu_o L}$,即 $a(k) = a(v)$,而根据 $\frac{\rho v k^{1/2}}{\mu_o}$,则有 $a(v^2) = a(k^{-1})$,与上式相互矛盾,故 $\frac{\rho v k^{1/2}}{\mu_o}$ 应忽略。由此可得剩余的相似准则为:

$$\frac{\rho g L}{\Delta p}, \quad \frac{\rho C L^2}{\lambda t}, \quad \frac{G\mu_o L}{k_H \Delta p}, \quad \frac{k\rho g t}{\phi \Delta s \mu_o L} \tag{2-2-43}$$

因此,相似比例因子可简化为:

$$a(\Delta p) = a(L) = a(\sqrt{t}) = a(k^{-1}) = a(G^{-1}) \tag{2-2-44}$$

将该相似性与 Binder 及 Caron 等采用的相似准则进行对比可知,结果一致,但更具体、完善,在一定程度上能较真实地反映流体的渗流规律、热传递规律。

2) 主要相似准则数组及物理意义分析

根据上述分析获得起主导和决定作用的相似准则数组,见表 2-2-2。这些相似准则数组可用于指导模型设计和预测油藏进行火驱生产时的各种动态参数,包括注入速度、生产压力、井网几何尺寸、油藏地质性质等。

表 2-2-2　火驱辅助重力泄油物理模拟相似准则数组

相似准则	物理意义	模拟参数	来　源
X/h	绝缘层厚度与油层厚度之比	几何尺寸	π_1,π_2
L/h	注采井距与油层厚度之比		
k_V/k_H	水平与垂直渗透率之比	k_V	π_{15}
q_w/q_g	单位时间、单位体积内注入气水量之比	q_w	π_{16}
$\rho g L/\Delta p$	重力与压差之比	Δp	π_7
$k\rho g t/(\phi\Delta s\mu L)$	重力与黏滞力之比	k_H	$\pi_{20}t_D$
$G\mu_o L/(k_H\Delta p)$	通风强度与驱油速度之比	G	π_{17}
$\rho C L^2/(\lambda t)$	热容与导热之比	t	π_{18}
$(T-T_f)/(T_{max}-T_f)$	归一化温度,反映温度场分布	T	无因次参数
$s_w^*,k_{rw}^*,k_{ro}^*,k_{rg}^*$	归一化饱和度和相对渗透率	k_r	无因次参数
$\rho v d/\mu$	水平井井筒内流动的惯性力与黏滞力之比	v	无因次参数

2.3　模型与原型之间的参数换算关系

本节以上述推导的火驱辅助重力泄油主要相似准则为依据,将油田现场按比例缩小,进行油藏物理模拟相似比例计算,并将油藏参数转化为相应模型几何参数、注采参数等,用于指导模型设计及实验准备工作,进而建立综合考虑各相似准则的多尺度、综合型模型。

1) 模型本体几何参数

初步确定模型为圆柱体,直径为 45 cm,取现场 THAI 火驱试验井距为 100 m,则确定比例因子 $a=220$,并有如下关系:

$$\left(\frac{L}{D}\right)_M=\left(\frac{L}{D}\right)_F \quad\Rightarrow\quad D_M=D_F\frac{L_M}{L_F}=100\text{ m}\times\frac{1}{220}=0.45\text{ m}$$

模型和原型的尺寸关系如下:

$$\left(\frac{L_H}{L}\right)_M=\left(\frac{L_H}{L}\right)_F \quad\Rightarrow\quad L_{HM}=\frac{L_M}{L_F}L_{HF} \tag{2-3-1}$$

式中　L_{HM},L_{HF}——模型和原型中水平井的长度。

2) 压差的匹配

根据相似准则 $\left(\frac{\rho g L}{\Delta p}\right)_M=\left(\frac{\rho g L}{\Delta p}\right)_F$,计算可得模型的生产压差为:

$$\Delta p_{M} = \frac{1}{a(\rho_0)a(g)a(L)}\Delta p_{F} \tag{2-3-2}$$

由现场生产压差的变化范围来确定物理模拟实验过程中的生产压差范围,从而指导实验过程中注入速度与出口压力之间的关系。

3）温度场的模拟

根据相似准则 $\left(\frac{T-T_F}{T_{max}-T_F}\right)_M = \left(\frac{T-T_F}{T_{max}-T_F}\right)_F$,模拟模型温度场的分布为:

$$T_M = T_{fM} + (T_{max}-T_f)_M\left[(T-T_f)/(T_{max}-T_f)\right]_F \tag{2-3-3}$$

4）时间的转化

根据相似准则 $\left(\frac{\rho CL^2}{\lambda t}\right)_M = \left(\frac{\rho CL^2}{\lambda t}\right)_F$,计算可得模拟时间为:

$$t_M = a(\rho)a(c)[a(L)]^2[a(\lambda)]^{-1}t_F \tag{2-3-4}$$

5）模型渗透率的选取

根据相似准则 $\left(\frac{k_H\rho gt}{\phi\Delta s\mu L}\right)_M = \left(\frac{k_H\rho gt}{\phi\Delta s\mu L}\right)_F$,计算可得模型水平方向的绝对渗透率为:

$$k_M = a(\rho)a(g)a(t)[a(\phi)]^{-1}[a(\Delta s)]^{-1}[a(\mu)]^{-1}[a(L)]^{-1}k_F \tag{2-3-5}$$

6）注入速度的模拟

根据相似准则 $\left(\frac{G\mu_o L}{k_H\Delta p}\right)_M = \left(\frac{G\mu_o L}{k_H\Delta p}\right)_F$,计算可得模型的注入空气速度为:

$$G_M = a(\mu)a(L)[a(k)]^{-1}[a(\Delta p)]^{-1}G_F \tag{2-3-6}$$

2.4　相似准则检验及敏感性分析

2.4.1　火驱数值模拟合理数据体的获得

由于火驱辅助重力泄油矿场生产动态数据及室内三维物理模拟实验的限制,缺乏一套可靠、有效的参数值（如轻组分/重组分活化能、指前因子等）代入数值模拟软件中来验证数值模型的合理性。因此,采用已有的一维燃烧管实验结果,将相应的参数值代入数值模拟软件中,将运算结果与实验结果进行对比,经反复修改和调试,获得一套有效、合理的火驱数值模拟数据体,进而推广到三维火驱实验数值模型中,可为后续准则检验及筛选提供支撑。

采用 CMG 软件的 STARS 模块,根据一维燃烧管实验数据及活化能和指前因子计算值,将上述实验基本参数输入数值模拟软件数据文件中。建立 $100\times3\times3$ 的三维网格模型,模型网格步长为 $D_x=1\ cm$, $D_y=D_z=2.3\ cm$,燃烧过程中参与反应的物质包括四相,分别为油相（轻组分、重组分）、气相（O_2、惰性气体、CO_x）、水相（H_2O）、固相（焦炭）。模拟器考虑 4 个化学反应,即重组分裂解及重组分、轻组分和焦炭燃烧反应。数值模拟基本参数（表 2-4-1）采用室内实验值,即室内一维燃烧管实验模型的基本参数。

表 2-4-1 一维火驱数值模拟数据体中的基本参数

参　数	数　值	参　数	数　值
几何尺寸	100 cm×7 cm×7 cm	网格数	100×3×3
相、组分数	四相、七组分	渗透率	10 μm^2
背　压	700 kPa	孔隙度	0.28
初始温度	30 ℃	点火温度	400 ℃
注氮气速度	4.3 cm³/d	注空气速度	1.5～2.88 cm³/d
原始含油饱和度	$s_{oi}=0.57$	原始含水饱和度	$s_{wi}=0.33$
焦炭燃烧的活化能	58 000 J/(g·mol)	焦炭燃烧的热焓	6.25×10⁵ J/(g·mol)
原油裂解的活化能	200 000 J/(g·mol)	原油裂解的热焓	8×10⁴ J/(g·mol)
边界层的导热系数	1×10⁵ W/(m·℃)	油层岩石的导热系数	5×10⁴ W/(m·℃)

　　数值模拟的真实有效性取决于其与室内实验结果的一致程度。图 2-4-1 和图 2-4-2 分别为一维燃烧管数值模拟和室内实验测定的温度场分布图。可以看出，两图中的温度上升趋势和变化范围吻合较好，在一定程度上证明了该数值模拟数据文件的合理性，基本可以真实反映实际的火烧驱油过程。从不同测温点的温度变化曲线可以看出，火线顺利平稳向前推进，当温度低于 300 ℃时主要发生低温氧化反应以及含氧化物的分解缩合，此时轻组分含量大量增加，油层温度缓慢上升。随着时间的推移，焦炭、重组分燃烧产生大量的热，火线前缘温度急剧上升。从图中还可以看出，无论是数值模拟计算的温度变化曲线还是室内实验测定得到的温度变化曲线，在燃烧的中后期，火线前缘的温度峰值在不同程度上有所降低，分析其原因可能是火线前缘附近的重组分裂解产生轻组分和焦炭，随着火线的推进，重组分越来越少，产生的焦炭随之减少，燃料不足，导致前缘温度不断降低。

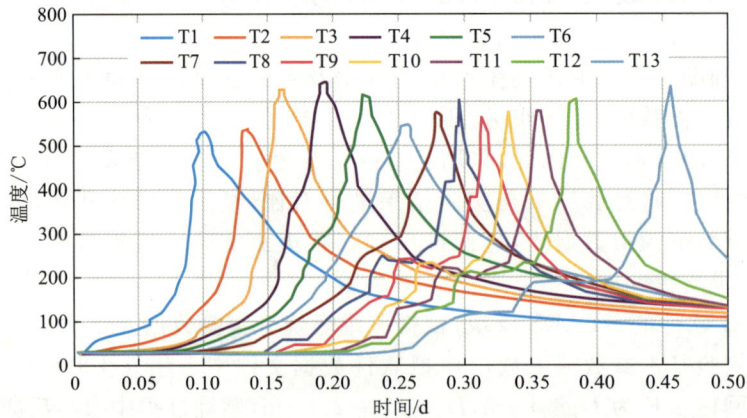

图 2-4-1 温度场分布(一维燃烧管数值模拟)
T1~T13 表示燃烧管外表面沿程分布的 13 个热电偶

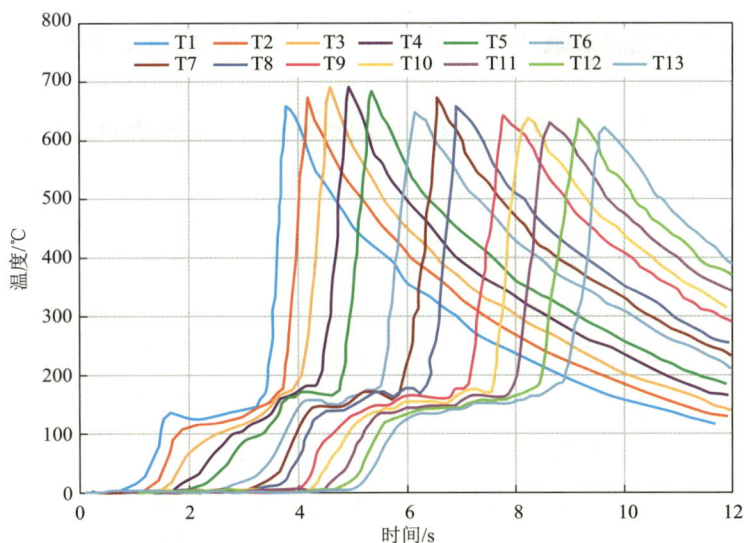

图 2-4-2　温度场分布(一维燃烧管实验结果)

图 2-4-3 分别给出了点火后 130 min,180 min,240 min,290 min 时刻沿燃烧管中心轴水平剖面的温度场(即燃烧管俯视图)。图中红色区域代表火墙,该区域温度最高,基本在650 ℃以上(局部可高达 700 ℃);左边较浅的蓝色、蓝绿色和少量绿色区域代表已燃区,该区域的含油饱和度为零,温度接近原始油层温度。从图中可以看出,火线从注入端开始,均匀稳定地向出口端推进,温度场分布特点符合火烧驱油过程中温度变化规律,这在一定程度上证明了一维燃烧管数值模型的正确性以及数据文件中相关参数值的合理性。

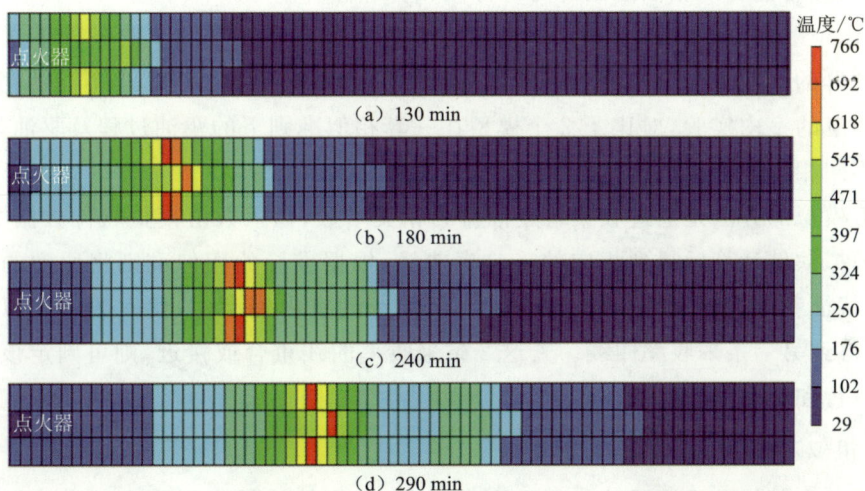

（a）130 min

（b）180 min

（c）240 min

（d）290 min

图 2-4-3　火线形成及扩展温度场

2.4.2 火驱辅助重力泄油相似准则群有效性检验

由于火驱机理的复杂性,在推导相似准则过程中往往忽略燃烧反应动力学参数、毛管压力、相对渗透率、乳化现象及井眼效应等对火驱效果的影响(如稠油油藏,通常渗透率较大,因此毛管压力可忽略;火驱过程中由氧气质量传递控制燃烧,因此反应动力学参数可忽略)。从实验条件和油藏特征的局限性考虑,只选取部分相似准则用于模型设计和实验结果的相互转化。因此,该套相似准则群能否真实有效地反映实际油藏燃烧过程,忽略的参数是否会对模型的有效性产生较大影响,需要通过实验及数值模拟的方法进一步验证。

1)相似准则检验的理论基础

李之光指出在模型设计前筛选相似准则的过程中,对于相似准则的筛选依据、筛选理由以及由此设计研制的模型能否有效地反映原型的实际过程,应当给出明确的证明和依据。相似准则检验方法包括实验方法和数值模拟方法。

利用实验来检验的方法包括局部旁证法和总体旁证法。

(1)局部旁证法。局部旁证法是利用由相似准则建立的物理模型进行实验,筛选出所有影响驱油效果的参数,再采取控制变量法进行单项实验,将不同实验结果进行对比,考虑影响程度大者而忽略影响程度较小者。

(2)总体旁证法。总体旁证法是首先建立一个符合相应驱油机理的大模型,按照推导的相似准则将大模型参数按照一定比例缩小为小模型,再分别在 2 个物理模型中进行实验,实验参数符合特定的相似条件。若二者所得的实验结果经过相似比例转化后大致相符,则可证明该相似准则群的可行性和合理性。

Kimber 采用总体旁证法研究了添加化学剂的蒸汽驱在不同实验条件下选取不同相似准则群的优缺点。他根据不同的相似准则群分别建立了 2 个大小不同的物理模型并进行相应的室内实验,对比了 2 个模型在一套相似准则下的驱油过程及驱油效果,并概括了不同相似准则群模拟特定物理、化学现象的优缺点。

数值模拟的方法是通过收集特定油藏的相关参数,代入数值模拟软件数据文件中,经数值模拟软件计算后得到相应的采收率曲线;根据推导的相似准则将原型的几何参数、油藏特征参数、注采参数等按照一定比例缩小到室内模型中,代入数值模拟器进行运算,可得到另一条采收率曲线。若这 2 条采收率曲线重合或接近,则可判定该套相似准则是可行和合理的。

2)相似准则有效性检验

在推导火驱辅助重力泄油相似准则的过程中,虽然根据实际生产动态选择性地放松了毛管压力、化学反应、弥散等相似,且添加了重力作用模拟,但是,与压力相关的流体 pVT 参数依旧不能很好地模拟,因此有必要对推导的相似准则进行有效性检验,以保证建立的模型能够有效地反映现场火驱过程,从而能较好地预测火驱开发效果,并指导现场开发方案的编制。

假定模型实验设计和操作参数完全根据相似准则按比例由原型转化而来,则模型燃烧过程中三维火线扩展、饱和度场、温度场分布等应与原型一致,这样才能保证上述相似准则群的准确性。在大尺寸三维模型未成型之前,采用总体旁证法和数值模拟法相结合来验证该套准则的有效性。具体方法为:

(1)确定一套大模型(60 m×38 m×15 m)的原型系统参数,将这套参数代入数值模拟器计算,得到氧气利用率、产出气体体积分数、前缘扩展速度、饱和度场和温度场分布、燃料消耗率等特征参数。

(2)根据已经推导出的相似准则数组,将大模型参数按一定比例转化成小模型(60 cm×38 cm×15 cm)参数,从而确定小模型的几何特征参数、油藏特征参数、注采参数等。将转化的参数再次代入数值模拟器计算,获得与大模型相对应的一系列饱和度场和温度场分布图及特征曲线。

(3)若推导的相似准则正确,则 2 组计算结果相似,即饱和度场和温度场分布图及产出气体体积分数、氧气利用率等接近。

将前文推导的相似准则群(即 THAI/COSH 准则群)与 Caron 和 Bagci 提出的相似准则群进行对比,结果见表 2-4-2。将不同的参数进行由大模型 A 到小模型 B 的转换,比例因子为大模型 A 与小模型 B 的注采井距比 100,并假定模型与原型具有相同的初始压力、温度、流体及多孔介质。

表 2-4-2　原型与模型初始条件参数值

比例因子 ($a=100$)	原型(大模型)	通过相似准则转化的小模型		
		THAI/COSH①	Caron	Bagci
相似准则	—	$a(p)=a(L)=a(t^{1/2})$ $=a(k^{-1})=a(G^{-1})$	$a(L)=a(k_{\overline{H}}^{-1})=$ $a(G^{-1})=a(t^{1/2})$	若 $\phi_M/\phi_F=1.5$,则 $a(L)=a(\Delta p)=a(k^{-1})$ $=a((1.5t)^{1/2})$
相似准则的优缺点	—	优点:重力作用模拟效果好; 缺点:pVT 参数不能较好模拟	优点:pVT 参数模拟较好; 缺点:重力作用模拟效果差	实质为本章推导的相似准则群的转化,优缺点同 THAI/COSH 相似准则群
岩石压缩系数 /MPa^{-1}	2×10^6	2×10^6	2×10^6	2×10^6
岩石导热系数 /(W·m^{-1}·K^{-1})	5×10^4	5×10^4	5×10^4	5×10^4
几何尺寸	60 m×38 m×15 m	60 cm×38 cm×15 cm	60 cm×38 cm×15 cm	60 cm×38 cm×15 cm

续表 2-4-2

比例因子 (a=100)	原型(大模型)	通过相似准则转化的小模型		
		THAI/COSH[①]	Caron	Bagci
网格数	30×19×15	30×19×15	30×19×15	30×19×15
水平井长度/m	44	44	44	44
注入井深度/m	10	10	10	10
孔隙度	0.28	0.28	0.28	0.28
k_H /(10^{-3} μm^2)	100	10 000	10 000	10 000
k_V /(10^{-3} μm^2)	100×0.1[②]	10 000×0.1	10 000	10 000
s_{wc}[③]	0.33	0.33	0.33	0.33
s_{oi}	0.57	0.57	0.57	0.57
T_i/℃	30	30	30	30
注气速度 /($m^3 \cdot d^{-1}$)	300~2 000	3~20	3~20	3~20
时 间	1 a	0.876 h	0.876 h	1.3 h

注:① COSH 表示侧向位置的直平组合井网。

② 在实际储层中,垂向渗透率(k_V)一般小于水平渗透率(k_H),且至少 10 倍,因此乘以 0.1。

③ s_{wc}表示束缚水饱和度。

将建立的模型基本参数输入数值模拟软件数据文件中,建立 60 cm×38 cm×15 cm 的三维网格模型,模型的步长分别为 $D_x = D_y = 2$ cm,$D_z = 1$ cm。建立的模型及模型上的井位分布如图 2-4-4 所示,其中注气井射孔厚度为射开油层上部厚度的 1/3,水平井位于油层底部,水平段部分全部射孔。

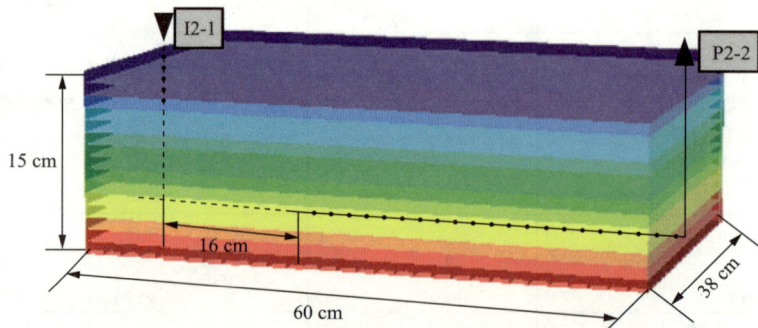

图 2-4-4　数值模拟三维 THAI 火烧模型示意图

通过数值模拟得到大模型 A 和小模型 B(THAI/COSH 相似准则群及 Caron 和

Bagci 提出的相似准则群）的 4 组模拟结果。图 2-4-5 所示为数值模拟实验模型中部水平方向温度场分布。从图中可以看出，随着实验时间的推移，4 种模型计算的温度场分布能够很好地匹配，油层被点燃后，在前缘突破生产井前火线可较稳定地向前推进；也可以看出，THAI/COSH 相似准则群与 Caron 和 Bagci 提出的相似准则群具有较好的一致性。

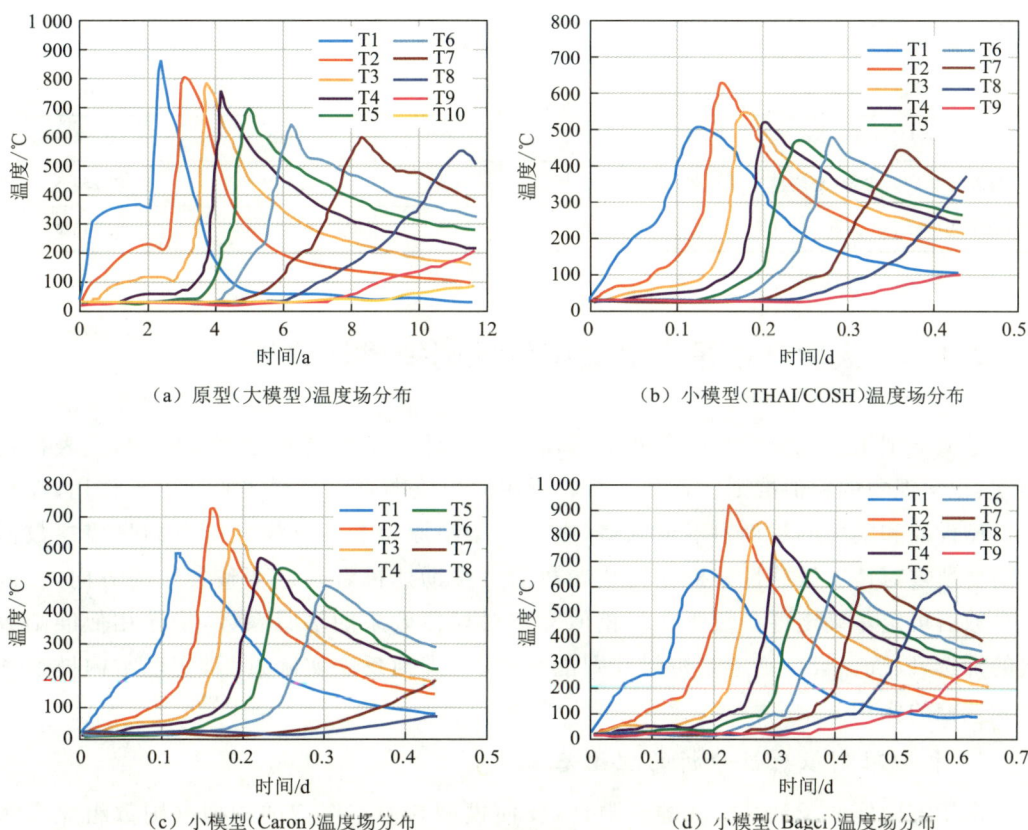

（a）原型（大模型）温度场分布　　　　　（b）小模型（THAI/COSH）温度场分布

（c）小模型（Caron）温度场分布　　　　　（d）小模型（Bagci）温度场分布

图 2-4-5　大模型与小模型温度场分布对比

　　表 2-4-3 列出了上述 4 种模型数值模拟计算结果。从表中可以看出，当前缘到达水平井趾端时，各模型火线前缘的最终位置具有较好的一致性。烟道气中 CO_2 的含量均为 15% 左右，氧气的含量趋近于 0，说明火烧油层进入稳定燃烧阶段，油层点燃并建立了稳定的燃烧带。

　　另外，大模型和 Bagci 小模型的前缘推进速度较 THAI/COSH 小模型和 Caron 小模型快且火线前缘的平均温度较高，主要原因为：大模型的网格较大，Bagci 小模型的孔隙度较大，二者重组分含量较大，油砂燃烧更充分，火线前缘温度峰值更高。一般地，孔隙度较低时，重组分含量较低，油砂燃烧释放的热量较少，前缘温度较低，容易形成油墙，堵塞孔隙，前缘推进速度较慢。

表 2-4-3　大模型与小模型模拟结果对比

比例因子 （$a=100$）	原型 （大模型）	通过相似准则转化的小模型		
		THAI/COSH	Caron	Bagci
前缘推进速度/(cm·d^{-1})	1.6	1.5	1.33	40
氧气突破时间/d	—	0.12	0.09	0.28
火线前缘平均温度/℃	650	500	500	600
火线前缘最终位置/cm	1 800	18	18	18
生产井最终温度/℃	282	195	214	202
烟道气中 O_2 含量（平均值）	0	0.003 02	0.006 1	0.003
烟道气中 CO_2 含量（平均值）	0.156 6	0.154 6	0.150 8	0.154 8
烟道气中 N_2/CO 含量（平均值）	0.843 0	0.843 8	0.842 8	0.843 5

2.4.3　火驱辅助重力泄油相似准则敏感性分析

相似准则敏感性分析是确定并筛选出对模型计算结果具有显著影响的，代表特定物理、化学现象的相似准则。若某一参数所在的相似准则对模型实验起主导作用，在指导模型设计和实验的过程中不可忽略，则在模型与原型参数互换和实验测量该参数值时需要慎重对待。敏感性分析在调整参数前可帮助建模者确定调整参数的方向，在调整参数后可定量确定各参数所在的相似准则对模拟效果的敏感系数，指导相似准则数组的筛选，以确保最终确定的相似准则能高效、合理地反映实际过程，实现室内模型预测和调控的作用。

1）相似准则敏感性分析的理论基础

由于室内实验及油藏特征的局限性，要使模型与原型对应的相似准则数组完全满足是不现实的。通常人们会选取反映实验需要研究的特定现象的相似准则数组或对驱油效果产生较大影响的相似准则数组作为主要的、必须满足的相似准则，进行模型设计和参数的转换。因此，有必要对推导的一系列繁杂的相似准则数组进行敏感性分析，以获得各相似准则对驱油效果的敏感系数，从而筛选出一套对油藏生产有较大影响的相似准则，作为模型设计和实验结果反演到原型的依据。

相似准则敏感性分析的方法是：首先选取一定的畸变系数，在保证其他参数不变的情况下分别对某一参数进行畸变，再采用数值计算方法获得每个参数的微小变化对整个油层驱油效果的影响系数，从而为定量筛选主要的相似准则提供依据。其中，敏感系数 S_i 的定义如下：

$$S_i = \frac{\partial\left[f(\pi_1, \pi_2, \cdots, \pi_n)\right]}{\partial\left[\pi_i\right]} \tag{2-4-1}$$

其物理意义为：在保证其他相似准则不变的情况下，反映某一相似准则的微小变化对特定目标函数的影响变化。它可表征目标函数对该相似准则的敏感程度。

$f(\pi_1, \pi_2, \cdots, \pi_n)$ 代表目标函数,是反映某油藏开采效果的综合指标。在火驱过程中,稠油采收率是油田管理者关注的重要参数,因此定义如下目标函数:

$$f(\pi_1, \pi_2, \cdots, \pi_n) = \int_0^{t_D} \eta(\pi_1, \pi_2, \cdots, \pi_n, t_D) \, dt_D \tag{2-4-2}$$

式中 $\eta(\pi_1, \pi_2, \cdots, \pi_n, t_D)$ ——采出程度。

相应地,定义敏感系数如下:

$$S_i = \frac{\Delta a / a_0}{\omega_i} \tag{2-4-3}$$

其中:

$$\omega_i = \frac{\pi_{im} - \pi_{ip}}{\pi_{ip}} \tag{2-4-4}$$

ω_i 即每个相似准则的畸变系数,其变化范围在数值模拟实验前需要仔细确定。

$$a_0 = \int_0^{t_D} \eta(\pi_1, \pi_2, \cdots, \pi_n, t_D) \, dt_D \tag{2-4-5}$$

a_0 的物理意义为实际油藏和室内实验条件下所获得的采收率曲线与无因次时间所围成的面积。

$$\Delta a = \int_0^{t_D} | \eta_M(\pi_{1M}, \pi_{2M}, \cdots, \pi_{nM}, t_D) - \eta_F(\pi_{1F}, \pi_{2F}, \cdots, \pi_{nF}, t_D) | \, dt_D \tag{2-4-6}$$

Δa 即某一相似准则畸变后得到的采收率曲线和无因次时间所围成面积与未畸变前的采收率曲线和无因次时间所围成面积的差值,用于反映该相似准则发生变化后对采收率的影响。

将计算后得到的值代入敏感系数的定义式,可分别得到各相似准则对采收率的敏感性。

Mackin-non 建立了描述系统生物转化的偏微分方程组,并运用数值模拟方法研究了各无因次参数对系统生物转化率的敏感程度。彭克综等提出了聚合物驱采油的相似准则数组,并给出了检验相似准则群合理性及敏感性分析的方法。周济福等介绍了根据各无因次量对目标函数的敏感程度,以此优化和筛选复杂流动中起主要控制作用的相似准则。Islam 等根据描述泡沫驱、乳化油驱、聚合物驱等过程的数学模型,采用方程分析法和量纲分析法相结合推导了一系列相似准则群,并提出了不同实验条件下起主导作用的相似准则数组。Pozzi 等指出在模拟混相驱横向扩散的过程中,若要严格满足几何相似,则无形中要求实验模型相当大且需要很长的实验时间,这在室内条件下很难满足。因此,他们认为在特定的条件下可以适当方式的几何相似来满足混相驱的需求。

2) 主要相似准则的确定

在开展相似准则敏感性分析的过程中,若采用室内物理模拟实验的方法,工作量大、实验周期长、经济性差,且在一定程度上会产生很大的人为误差,造成判断错误。因此,采用数值模拟的方法探究各相似准则在一定的畸变系数下对目标函数(累积采收率)的影响程度,通过比较各敏感系数的指数大小来评价相似准则的作用大小,用以区分实验过程中的必然因素、可忽略因素。

由敏感系数的定义可知,当 π_i 取不同的数值时,敏感系数 S_i 也不同。例如,根据原型(大模型)数据体的参数值,分别计算 $\pi_1,\pi_2,\pi_4,\pi_5,\pi_6,\pi_9$ 的值,取畸变系数 ω_i 分别为 $5.0,2.0,0.5,0.2$,计算模型中相应相似准则的具体值。代入小模型数值模拟数据体中,计算得到火驱采收率与无因次时间的关系曲线,并与原型中该曲线进行对比,将上述曲线积分,根据敏感系数的定义,求得各相似准则在每个畸变系数下对采收率的影响因子,结果见表 2-4-4。

表 2-4-4 不同相似准则在不同畸变系数下对应的影响因子

畸变系数	准 则					
	$\pi_1 = L/h$	$\pi_2 = k_V/k_H$	$\pi_4 = k_H L$	$\pi_5 = GL$	$\pi_6 = t/L^2$	$\pi_9 = C_o/C_w$
$w_1 = 5.0$	0.363 9	0.025 8	0.072 0	1.654 5	0.958 1	0.004 2
$w_2 = 2.0$	0.119 5	0.003 6	0.033 0	0.644 7	0.016 9	0.000 05
$w_3 = 0.5$	0.432 2	0.006 8	0.036 9	0.487 7	0.274 0	0.069 6
$w_4 = 0.2$	0.895 8	0.036 03	0.090 1	0.931 5	0.609 9	0.160 3

从表 2-4-4 中可以发现,在各畸变系数下相似参数对采收率的影响因子数量级均介于 $10^{-4} \sim 10^0$ 之间。每一列敏感系数的数量级越大,说明油层累积采收率对该相似准则的敏感性越强,从而定量确定各相似准则的主次关系,为后续准则筛选提供指导。根据敏感系数的大小,可得到相似准则的重要性排序,见表 2-4-5。

表 2-4-5 相似准则的主次关系

相似准则	物理意义	模拟参数	重要性排序
X/h	绝缘层厚度与油层厚度之比	几何尺寸	2
L/h	注采井距与油层厚度之比		
k_V/k_H	水平与垂直渗透率之比	k_V	5
$\rho g L/\Delta p$	重力与压差之比	Δp	定性分析
$G \mu_o L/(k_H \Delta p)$	气体在多孔介质中的速度与火焰峰面移动速度之比	G	1
$\rho C L^2/(\lambda t)$	热容与导热之比	t	4
$(T - T_f)/(T_{max} - T_f)$	归一化温度,反映温度场分布	T	定性分析
$s_w^*, k_{rw}^*, k_{ro}^*, k_{rg}^*$	归一化饱和度和相对渗透率	k_r	6
$k \rho g t/(\phi \Delta s \mu L)$	重力与黏滞力之比	k_H	3

综上,通过物理模拟与数值模拟的对比分析可知,气体在多孔介质中的速度与火焰

峰面移动速度之比、几何尺寸、重力与黏滞力之比以及热容与导热之比是非常重要的相似准则,在模型设计及实验过程中应着重考虑。这几个相似准则反映了流体在多孔介质中的流动相似及传热相似,也是火驱过程最核心的机理。

根据表 2-4-5 中列出的准则重要性排序中,位于前 5 个的相似准则的相似程度对于物理模拟实验结果的可信度是非常重要的,尤其是影响多相渗流的通风强度、几何尺寸及多孔介质特性必须要求高度相似,其他的因素诸如油水和岩石的压缩性、毛管压力等因素则相对次要一些,它们造成的误差要远小于主要相似准则造成的误差,因此当次要相似准则与主要相似准则相矛盾时,优先选取主要相似准则。

在 THAI 火驱中,重力作用是重要的驱油机理,通风强度和多孔介质是影响火驱效果的重要因素。虽然从无因次量的意义上可定性分析出各相似准则的影响程度,但是要想定量地得到各相似准则对驱油效果的影响因子,依旧难度很大,这也体现了数值分析方法的优越性。

2.5　本章小结

本章在缺乏矿场试验数据和三维火驱物理模型的情况下,给出了相似准则有效性检验方法,并对比了本章推导的 THAI/COSH 相似准则群以及 Caron 和 Bagci 提出的相似准则群转化后小模型的火驱效果,验证了所推导相似准则的有效性。

(1) 本章以相似原理为理论依据,在相关假设条件的基础上严格推导出适宜火驱辅助重力泄油的三维物理模拟相似准则数组,相似准则数组中所含无因次量乘积(π)个数少、物理意义明确、数据换算规则清楚,并以现场 THAI 火烧试验为原型,将现场参数转化为室内模型参数。

(2) 假设模型和原型使用相同的流体、多孔介质、边界初始条件,则简化后的相似准则与目前国内外学者普遍采用的火驱相似准则一致,并补充了各向异性和水平井对火驱效果的影响。

(3) 由于实际实验过程中孔隙度、渗透率等参数很难与实际油田完全等比例模拟,若采用简化后的相似准则,则参数转换的过程中存在较大的偏差。本章推导的相似准则数组综合考虑了各参数的影响,换算出的模型参数更为合理和可靠。

(4) 采用数值模拟实验的方法确定了各相似准则的敏感系数介于 $10^{-4} \sim 10^{0}$ 之间,其中主要的相似准则为气体在多孔介质中的速度与火焰峰面移动速度之比、几何尺寸、重力与黏滞力之比以及热容与导热之比。

此外,定量确定了各相似准则对累积采收率的敏感系数,筛选出对火驱过程起主导控制作用的相似准则,从而为后续模型设计和实验结果的转换处理奠定基础。

第 3 章
火驱过程中反应动力学参数的计算方法

一般来说,反应动力学研究各种物理、化学因素(如温度、压力、浓度、反应体系中的介质环境、催化剂、流体场和温度场的分布、停留时间等)对反应速率的影响,以及相应的反应机理和数学表达式等。火驱过程中反应动力学行为研究的核心在于反应动力学参数的确定,即反应动力学三因子——活化能(E_a)、反应机理函数[$f(\alpha)$]和指前因子(A),而通常只需要确定活化能和指前因子这 2 个关键参数。活化能是指分子从常态转变为容易发生化学反应的活跃状态所需要的最低能量,活化能的大小可以反映化学反应发生的难易程度。在反应过程中,并不是反应物分子的每一次碰撞都能发生反应,只有活化分子的碰撞才能发生反应。指前因子衡量反应物分子有效碰撞频率的大小,是一个只由反应本性决定,而与反应温度及系统中物质浓度无关的常数。

3.1　活化能理论在火驱中的应用

活化能和指前因子是描述化学反应行为的关键参数,通常自然界中发生的化学反应并不是通过一步反应就能得到最终产物,而是要经过几步(历程)才能完成。活化能是物质发生反应的最低阈值,在 2 个以上的反应历程中,活化能最低的反应历程发生反应的概率最大。对于基元反应,活化能是指活化分子的平均能量与反应物分子平均能量之间的差值;但对于复杂反应,活化能就没有明确的物理意义,仅是基元反应活化能的代数组合,其间的组合关系由表观速率常数决定。通过对反应活化能大小的判定可以有效推测一个反应的历程。在化学反应动力学的发展历程中,活化能是既基础又极其重要的参数。一个生产工艺路线或火驱开发方案的确定,其工艺参数或开发方案的选择都必须考虑活化能的影响。

3.1.1　活化能概念的提出

在 1889 年 Arrhenius 提出活化能的概念之前,人们已经总结出温度的升高常常伴随着反应速率的增加,通过对溶液反应的研究,初步得出了温度每升高 10 ℃,反应速率将增加 2~4 倍的结论。1878 年,英国科学家 Hood 最早运用实验归纳出反应速率常数 k 与温度 T 两者之间的关系式:

$$\lg k = B - \frac{C}{T} \tag{3-1-1}$$

式中　B,C——经验常数。

1884 年,van't Hoff 以温度对不同化学反应的平衡常数影响为基础,对式(3-1-1)进行了理论分析,并从热力学的角度严谨地给出了描述化学反应平衡常数 K 和温度 T 之间的关系式。溶液反应平衡常数 K_c 可以用下式描述:

$$\frac{\mathrm{d}\ln K_c}{\mathrm{d}T} = \frac{\Delta U}{RT^2} \tag{3-1-2}$$

式中　ΔU——恒容条件下体系内能的变化值;

　　　R——通用气体常数,8.314 J/(mol·K)。

对于可逆反应,K_c 可表示为:

$$K_c = \frac{k_1}{k_2} \tag{3-1-3}$$

式中　k_1,k_2——正反应和逆反应的速率常数。

将式(3-1-3)代入式(3-1-2)得:

$$\frac{\mathrm{d}\ln k_1}{\mathrm{d}T} - \frac{\mathrm{d}\ln k_2}{\mathrm{d}T} = \frac{\Delta U}{RT^2} \tag{3-1-4}$$

上式最终可化简为:

$$\frac{\mathrm{d}\ln k}{\mathrm{d}T} = \frac{A}{RT^2} + I \tag{3-1-5}$$

式中　A,I——在一定温度范围内的常数。

式(3-1-5)为 van't Hoff 总结出的反应速率常数 k 和温度 T 之间的关系式。但是,该式没有明确给出确定 I 的方法和 A 所代表的物理意义。因此,其重要意义当时并没有得到人们的广泛认可。而 Arrhenius 受该式的启发,推导出著名的 Arrhenius 公式,并在此基础上提出了活化分子与活化能的概念。

Arrhenius 认为,根据 van't Hoff 的推导过程,式(3-1-5)中的 I 是无法确定的。他通过大量的实验观察,发现可以规定 $I=0$,这一发现具有特殊意义,其从中受到启发,于 1889 年提出了如下形式的经验公式:

$$\frac{\mathrm{d}\ln k}{\mathrm{d}T} = \frac{E_a}{RT^2} \tag{3-1-6}$$

式中 E_a——Arrhenius 活化能，也称实验活化能。

这就是 Arrhenius 公式。式（3-1-6）和式（3-1-2）虽然在形式上很相似，但两者有本质的区别：式（3-1-2）是理论推导的结果，描述的是化学反应平衡常数与温度之间的关系；而式（3-1-6）是通过大量的实验验证所得出的经验公式，阐述了反应速率常数和温度之间的关系。

当 E_a 是常数时，对式（3-1-6）积分，得：

$$k = A\exp\left(-\frac{E_a}{RT}\right) \tag{3-1-7}$$

取对数，得

$$\ln k = \ln A - \frac{E_a}{RT} \tag{3-1-8}$$

Arrhenius 认为，E_a 与 A 是由反应的本性决定，而与反应物浓度和温度无关的常数。E_a 与 A 通常被称作 Arrhenius 参量。由式（3-1-7）可以看出，E_a 的量纲应与 RT 相同，可取 $kJ \cdot mol^{-1}$ 或 $kcal \cdot mol^{-1}$，A 的单位与 k 的单位相同。对于一级反应，A 的单位是 s^{-1}；对于二级反应，A 的单位是 $dm^3 \cdot mol^{-1} \cdot s^{-1}$。

式（3-1-6）是微分形式的 Arrhenius 公式（微分式），通常是研究温度对反应速率常数影响大小的重要工具。通过观察式（3-1-6）可以看出，随着 T 的变化，$\ln k$ 与 E_a 成正相关关系，即对于活化能越大的反应，温度升高或降低引起反应速率常数的变化越大。

式（3-1-7）是指数形式的 Arrhenius 公式（指数式），一般用于定义活化能 E_a 与指前因子 A 在决定反应速率常数 k 时所发挥的作用，同时可用于分析温度对反应速率常数 k 的影响。通过观察发现，位于指数位置上的 E_a 在一般情况下是决定反应速率常数 k 的最主要因素。

式（3-1-8）是对数形式的 Arrhenius 公式（对数式），是应用最多的一种表达式，经常据此由作图法来求解 A 与 E_a，即以 $\ln k$（或 $\lg k$）对 $1/T$ 作图，所得直线的斜率是 $-E_a/R$，截距是 $\ln A$。

3.1.2   对 Arrhenius 活化能的理论解释

从 Arrhenius 公式问世至今，人们持续不断地对活化能 E_a 和指前因子 A 的物理、化学意义进行探索研究。半个多世纪前，Totman 利用统计原理对化学反应速率与温度的关系进行了研究，进而对活化能 E_a 给出了较为合理的阐释。后来人们陆续从各自的理论模型出发所提出的简单碰撞理论和过渡态理论等一系列理论方法也能够对活化能 E_a 与指前因子 A 之间的关系进行合理的解释。

1）简单碰撞理论

1920 年前后，Trauts M，Lewis W 和 Hinshelwood C 等以气体分子运动论为基础，提出了气体反应碰撞理论，即简单碰撞理论。该理论主要考虑气相双分子反应，表示如下：

$$A+B \longrightarrow P$$

该理论是把反应分子看作一个没有内部结构的刚性球，当相互碰撞的反应分子 A 和 B 沿着中心连线方向上做相对运动（产生平动能），且达到或超过某一临界动能（即阈能 E_c）时，两者才能发生化学反应，并生成产物分子 P，这样的碰撞称为有效碰撞。相反地，当相对平动能小于阈能时，两者碰撞并不能发生任何化学反应。反应分子 A 和 B 的反应速率分布始终遵循 Maxwell-Boltzman 分布（Maxwell-Boltzman 分布是一种描述一定温度下微观粒子运动速度的概率分布）。简单碰撞理论指出，对于双分子反应，其活化能的表达式为：

$$E_a = E_c + \frac{1}{2}RT \tag{3-1-9}$$

根据上述基本假设可以推知，反应速率等于单位时间、单位体积内反应分子 A 与 B 发生有效碰撞的次数。从这个角度来说，简单碰撞理论首次给出了指前因子 A 的物理意义，即单位时间、单位体积内反应分子 A 与 B 发生碰撞的次数。计算指前因子的方法比较简单，只要知道分子直径 d 就可以求出结果，而直径 d 可由 van der Waals 常数 b 和相关理论公式等方法计算。

对于少数气体反应和某些溶液反应，特别是反应物之一是简单分子或离子的反应，即反应分子结构比较简单，反应过程也比较简单的反应，计算得到的指前因子与实验值比较接近（相差 10 倍以内）。但是，对于比较复杂的分子反应，计算得到的指前因子往往和实验值有明显偏差，可能的原因如下：① 刚性球模型过于简单化。分子都有一定的组成和结构，反应通常发生在复杂分子的特定部位上。如果碰撞不是在特定部位上发生，即使碰撞的平动能超过阈能，由于能量向分子内的多个化学键分配与消耗，特定部位上的化学键也不会发生松弛和断裂，进而形成无效碰撞，导致新键无法生成。② 反应过程具有复杂性。化学反应不都是仅通过碰撞（能量超过阈能）就能发生的，有些反应需要经过过渡态再转变成最终产物。因此，由于多种原因，理论计算所得的碰撞次数往往高于实验值。另外，影响反应速率的因素很多，主要包括几何类型、能量和碰撞因素。

简单碰撞理论的主要不足有 2 点：① 刚性球碰撞理论过于简化；② 不能从理论上计算 E_c 与 A，而是需要通过实验求得。

2）过渡态理论

1930—1935 年，由 Eyring 和 Polanyi 提出的过渡态理论蓬勃发展起来。他们基于量子力学理论，以及对反应过程中能量变化的研究，将从反应物到生成物之间形成的势能较高的活化络合物所处的状态称为过渡态。过渡态理论应用量子力学方法，通过计算得出反应体系的势能面，并包括 3 个假设：

（1）反应物在转变成产物的过程中，需要经历一个势能相对较高的状态及一个活化络合物的过渡态。活化络合物是不稳定的中间产物，是化学反应所经历的一个阶段，其存在的时间相当短,通常小于或等于 10^{-14} s。

(2) 活化络合物与反应物所形成的动态平衡关系并不会因活化络合物转变为产物而受到任何影响。近年来,这一假设的合理性受到质疑,一些学者认为它缺乏实验依据。因此,广义的过渡态理论遵循 Boltzmann 分布(用于描述理想气体在受保守外力作用或保守外力场的作用不可忽略时,热平衡状态下的气体分子按能量分布的规律),只需要考虑反应体系处于热平衡状态。

(3) 越过势垒的活化络合物只能继续向生成物方向移动(不返回假设)。

在已知反应分子与活化络合物分子结构的前提下,过渡态理论不仅能从理论上解释活化能,还能计算活化能 E_a 与指前因子 A。对于一些简单的反应,如果得到一个合理、精确的势能面,就可以由最低能量路径、鞍点与反应物势能差(包括零点能校正)计算出活化能 E_a,进而计算出指前因子 A。从这一点来说,过渡态理论较简单碰撞理论前进了一步,但只能计算简单的反应,对于较复杂一点的化学反应,由于计算势能面耗时耗力,且计算结果的精确度很差,缺乏大量经验数据的支持,所以过渡态理论的应用在一些领域受到了诸多的限制。

3) Tolman 理论

1920 年,Tolman 运用统计力学理论,对化学反应速率和温度的关系进行了探讨。Tolman 认为,统计力学是通过分析单个分子行为来揭示宏观体系的一种重要的研究工具。针对气体单分子的反应,他提出如下假设:

(1) 化学反应速率很慢,同时反应物分子能级大小服从 Boltzmann 分布,并允许反应物分子能量重新分配,以维持这一分布特征。

(2) 不同能级分子的化学反应速率常数往往是不相同的,化学反应只发生在活化分子上。

Tolman 按照 Arrhenius 提出的活化分子概念,并遵循 Boltzmann 分布规律,通过分析处于活化态的分子能量得到位于某一能级的活化分子数。

一般来讲,一种由大量分子构成的宏观体系称为反应体系,而由各种物理量的微观量所统计出的平均结果则可由实验来测定。虽然 Arrhenius 活化能只是实验活化能,但Tolman 认为它也必须具有统计性质的特点。显而易见,Arrhenius 对活化能的定义是不确切的,因为反应物分子拥有不同的能级,活化分子具有的能量不一定相同,并且反应物分子在转变成活化分子的过程中所吸收的能量各有差异。而 Tolman 所定义的活化能概念清晰地阐释了活化能所具有的物理意义,且准确地描述出了活化能所具有的统计性质。

后来,Tolman 结合简单碰撞理论和过渡态理论推导出新的活化能 E_a 的表达式,该表达式具备应用的普遍性。除此之外,Tolman 还根据 E_a 数值合理解释了负活化能产生的原因。

3.1.3　势垒、阈能和活化能

1）势垒

势垒作为一个非常关键的概念,用于描述微观粒子的能量关系,经常被用于对势能面的分析。当反应体系遵循经典力学规律时,一般将势垒定义为一种鞍点构型的活化络合物的势能和反应分子初始平衡构型所形成的势能之差,即经典势垒。当反应体系遵循量子力学规律时,考虑到活化络合物和反应分子之间存在着零点振的动能,因此,量子势垒被定义为一种位于最低振动能态的活化络合物与同样处于最低振动能态的反应分子的势能之差,即在 0 K 状态下活化络合物与反应分子的势能之差,所以量子势垒比经典势垒高。

2）阈能

化学反应发生的先决条件是反应分子间产生碰撞。但由于势垒的存在,并非任何碰撞都能导致化学反应发生,对于那些相对平动能较小的碰撞,如果不能通过弹性碰撞或非弹性碰撞越过势垒,则任何化学反应都不会发生。只有反应分子经过碰撞后具有足够高的相对平动能,才能克服势垒的阻碍,使反应物转变成产物,这样的碰撞称为有效碰撞。化学反应发生所需的最小相对平动能即阈能。因此,有效碰撞发生的条件是反应分子必须具有大于阈能的相对平动能。阈能和势垒一样都是描述微观粒子能量关系的概念,其数值大于或等于零,不受温度的影响,两者的区别在于势垒存在于最低能量的途径上,不同类型的势垒对应着不同的阈能特征。

3）活化能

活化能的产生需要以阈能的存在为前提,阈能在数值上不会小于零,但活化能可以为正值,也可以为零,甚至有负值。负活化能通常出现在阈能为零或者近似为零的反应中,而且活化能的绝对值较小。

势垒、阈能、活化能在概念上是不同的,但在数值上是比较接近的,当温度不高时彼此相差 8 kJ/mol 左右。

Arrhenius 指出,活化分子是一般分子吸收一定能量(E_a)后转变形成的,因此,活化分子拥有相对较高的能量,只有活化分子才能发生反应。Arrhenius 公式的意义在于使人们认识到,反应速率常数 k 与温度 T 之间具有一定的相互作用关系,温度变化对化学反应行为具有非常重要的影响。活化分子及活化能等概念的提出对于推动化学动力学的发展做出了杰出的贡献。

根据对 Tolman 活化能相关定义的理解,活化能所描述的是活化分子平均摩尔能量和反应物全部分子平均摩尔能量的差值,它是一个宏观统计量,可通过实验的方法测得。Tolman 认为,活化能是指活化分子所具有的平均能量与全部反应物分子平均能量的差值,这反映了活化能的统计性质。

简单碰撞理论从反应截面的角度比较清楚地说明了活化能与温度的关系,而过渡态理论从配分函数的角度揭示了活化能 E_a 是温度的函数。2 种理论均不支持活化能相对于温度是常数的观点。

但是,若实验条件简单,温度变化范围较小,对不同温度下的反应速率常数进行测定时,可能会得出活化能 E_a 的变化与温度无关的结论。后来随着实验条件的改善,人们研究发现,若干实验结果与该结论并不相符。这一矛盾起初在总包反应中被发现,之后又出现在基元反应中。大量研究结果表明,E_a 只有在温度较低且温度范围较窄的情况下才近似为常数。

势垒又可分为早期势垒和晚期势垒。早期势垒研究的主要贡献是提出了平动阈能的概念,晚期势垒研究的主要贡献是提出了振动阈能的概念。势垒是产生活化能的内在原因,对不同类型势垒与活化能关系的研究必将进一步揭示活化能的本质。

通过以上分析,可以归纳出以下几点:

(1) 活化能 E_a 是根据实验总结出来的。若没有充分的实验数据,则活化能概念难以提出。实验是探究化学科学的基础,实验操作是化学学科的基本研究途径。但实验建立在有限的条件下,因此,实验结果会存在一定的局限性。

(2) 简单碰撞理论与过渡态理论是从分子层面上对活化能进行更深一步的分析,其指出势垒的存在是不同反应途径产生活化能差异的内在原因。活化能是与温度有关的物理量,只有在温度比较低、温度范围比较窄的条件下,E_a 受温度影响较小,可近似为常数。因此,这 2 种理论也证实了 Arrhenius 理论具有片面性。

3.2 热分析动力学

在火驱过程中,活化能、指前因子等是用于描述反应动力学的关键参数,人们常常借助热分析法对其进行测定。热分析法是指在物质遇冷或遇热的情况下对其所发生的物理和化学变化进行测量的一种技术。热分析法与色谱分析法均属于仪器分析法的范畴,均是利用程序升温条件下待测物质的物理特性随温度变化的关系进行测定的。热分析动力学是指借鉴化学动力学的手段研究物质性质与温度之间的关系。这种分析方法不仅可用于研究各类化学反应,对于分析物理变化过程和转化也同样适用。热分析动力学分析有助于研究者更深入地了解反应的机理和过程。

3.2.1 理论基础

假设在物质的反应过程中,整个反应可由 2 个相互独立的参数即转化率 α 和温度 T

表征,则非均相、非等温反应的动力学方程为:

$$\frac{\mathrm{d}\alpha}{\mathrm{d}t} = f(\alpha)k(T) \tag{3-2-1}$$

式中　t——时间;

　　　$k(T)$——反应速率常数对温度的函数关系式;

　　　$f(\alpha)$——反应机理函数。

在线性升温过程中,温度随时间发生变化,则式(3-2-1)可转化为:

$$\frac{\mathrm{d}\alpha}{\mathrm{d}T} = \frac{1}{\beta}f(\alpha)k(T) \tag{3-2-2}$$

$$\beta = \frac{\mathrm{d}T}{\mathrm{d}t} \tag{3-2-3}$$

式中　β——升温速率,在线性升温实验中升温速率为定值。

式(3-2-2)是反应动力学运用于等温和非等温情况下的最基本方程。可以看出,在整个反应动力学变化过程中,反应速率常数 k 对温度敏感。

将 Arrhenius 公式与式(3-2-2)联立求解,可得非均相体系、非等温条件下的动力学方程:

$$\frac{\mathrm{d}\alpha}{\mathrm{d}T} = \frac{A}{\beta}f(\alpha)\exp\left(\frac{E_{\mathrm{a}}}{RT}\right) \tag{3-2-4}$$

对上述方程中反应动力学三因子[活化能 E_{a}、反应机理函数 $f(\alpha)$ 和指前因子 A]的求解即动力学研究的目的。

3.2.2　研究方法

1) 等转化率法

由于反应机理函数至今没有成熟的方法进行建立和求解,所以目前常用到的热分析法都尽量避免求取反应机理函数 $f(\alpha)$。等转化率法是目前常用的可避免求取反应机理函数的一种热分析法,它主要基于不同升温速率下同种物质的同种反应具有相同的反应机理函数和转化率,因此可以将反应机理函数消去。

如图 3-2-1 所示,选定转化率 α_1,作水平线后与转化率 α-温度 T 曲线相交,交点分别为 (α_1,T_{11}),(α_1,T_{12}),…。同时,这一系列交点所对应的升温速率分别为 β_1,β_2,…。

式(3-2-4)可以变形为:

$$\frac{\mathrm{d}\alpha}{f(\alpha)} = \frac{A}{\beta}\exp\left(-\frac{E_{\mathrm{a}}}{RT}\right)\mathrm{d}T \tag{3-2-5}$$

对于 β_1 的曲线,对式(3-2-5)两边积分可得:

$$\int_{\alpha_1}^{\alpha_2}\frac{\mathrm{d}\alpha}{f(\alpha)} = \frac{A}{\beta_1}\int_{T_{11}}^{T_{12}}\exp\left(-\frac{E_{\mathrm{a}}}{RT}\right)\mathrm{d}T \tag{3-2-6}$$

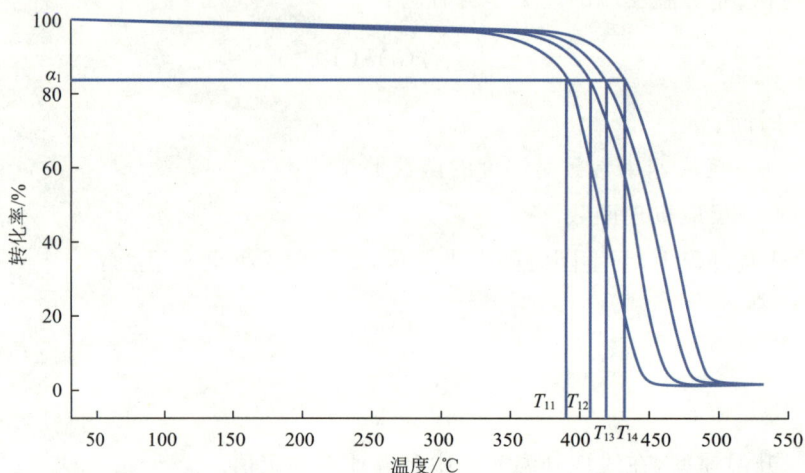

图 3-2-1　等转化率法原理图

对于 β_2 的曲线,对式(3-2-5)两边积分可得:

$$\int_{\alpha_1}^{\alpha_2}\frac{\mathrm{d}\alpha}{f(\alpha)}=\frac{A}{\beta_2}\int_{T_{21}}^{T_{22}}\exp\left(-\frac{E_\mathrm{a}}{RT}\right)\mathrm{d}T \tag{3-2-7}$$

式(3-2-6)和式(3-2-7)相减即可消去 $\int_{\alpha_1}^{\alpha_2}\frac{\mathrm{d}\alpha}{f(\alpha)}$,由此避免了求取反应机理函数。

2)静态法

静态法是指在恒温恒压的实验条件下,对反应速率常数随温度的变化关系进行测定。由此可知,静态法中的 $k(T)$ 为定值,即

$$k(T)=C \tag{3-2-8}$$

式中　C——常数。

此时,一般可分为 2 种情况进行处理:

(1)若已知反应机理函数,则可将已知的 $f(\alpha)$ 直接代入式(3-2-1),只需要 2 组不同的 α 和 t,即可求出活化能 E_a 和指前因子 A。

(2)若反应机理函数未知,对式(3-2-1)进行积分后可得:

$$\int_0^\alpha\frac{\mathrm{d}\alpha}{f(\alpha)}=k(T)t \tag{3-2-9}$$

当反应温度为 T_1,对应转化率 α 与时间 t_1 时,式(3-2-9)可变形为:

$$\int_0^\alpha\frac{\mathrm{d}\alpha}{f(\alpha)}=k(T_1)t_1 \tag{3-2-10}$$

当反应温度为 T_2,对应转化率 α 与时间 t_2 时,式(3-2-9)可变形为:

$$\int_0^\alpha\frac{\mathrm{d}\alpha}{f(\alpha)}=k(T_2)t_2 \tag{3-2-11}$$

虽然两式建立所基于的温度不同,但是同一反应的机理函数相同,当转化率也相同

时,则两式等号左端的值相同,此时可将两式相减,可得:

$$k(T_1)t_1 = k(T_2)t_2 \tag{3-2-12}$$

将 $k(T_1)$ 用 Arrhenius 公式替代,则得到:

$$\exp\left(-\frac{E_a}{RT_1}\right)t_1 = \exp\left(-\frac{E_a}{RT_2}\right)t_2 \tag{3-2-13}$$

对式(3-2-13)求解即可求得活化能。

静态法对实验要求相对简单,但是实验周期长,工作量大,而且由于化学反应中常常伴有热量的传递,所以恒温的限制条件会降低数据处理的准确性。

3)动态法

动态法中的转化率会随着时间或温度而发生变化。目前常用的动态法为多升温速率法和单升温速率法,实验结果表明,前者得到的结果更为准确。

不同于静杰法,动态法的难点在于温度会随时间发生变化。对于如何处理这一问题,动态法衍生出积分法和微分法 2 种数据处理方法,两者均是以 Arrhenius 公式为基础展开和推导得到的。

对式(3-2-1)进行微分,即可得到微分法公式:

$$\beta\frac{d\alpha}{dT} = A\exp\left(-\frac{E_a}{RT}\right)f(\alpha) \tag{3-2-14}$$

对式(3-2-1)进行积分,即可得到积分法公式:

$$\int_0^\alpha \frac{d\alpha}{f(\alpha)} = \frac{A}{\beta}\int_0^T \exp\left(-\frac{E_a}{RT}\right)dT \tag{3-2-15}$$

微分法需要进行 $d\alpha/dT$ 的计算,大部分研究者利用 $\Delta\alpha/\Delta T$ 来代替微分计算。当具体处理数据时,$\Delta\alpha$ 和 ΔT 越小,计算结果越精确,因为这样它才能更加接近真实的 $d\alpha/dT$。但是,$\Delta\alpha/\Delta T$ 越小,实验误差越大,对实验装置和测量的要求越高,实验越难以完成。除此之外,微分法还会放大实验数据的误差。

积分法需要对 $\int_0^T \exp\left(-\frac{E_a}{RT}\right)dT$ 进行求解,目前只能进行近似估算。这些估算都不精确。另外,一些研究者将 $\int_0^T \exp\left(-\frac{E_a}{RT}\right)dT$ 的值假设为 0,但这会给计算结果带来误差。

通过动态法的计算原理可以看出,动态法工作量较小,而且能够更真实地反映化学反应的进行情况。用动态法研究反应动力学的优点包括:① 样品需求量少;② 能对整个反应过程的动力学参数进行计算;③ 实验工作量小。

3.3　稠油活化能常用计算方法

稠油组分复杂,导致其燃烧过程中所发生的化学变化较为复杂,反应机理函数不易确定,所以在对稠油燃烧行为进行动力学分析时,通常采用等转化率法,这样可以避免由反应机理函数造成的实验数据处理的误差。目前,常用于火驱动力学参数求解的等转化率法主要包括 2 种:Friedman 方法、改进的 Vyazovkin 方法。

3.3.1　Friedman 方法

1) 时间微分

Friedman 方法属于典型的等转化率微分法,其是对式(3-2-5)两边取对数,可得:

$$\ln \frac{\mathrm{d}\alpha}{\mathrm{d}t} = -\frac{E_\mathrm{a}}{RT} + \ln[Af(\alpha)] \tag{3-3-1}$$

2) 温度微分

反应的升温速率 β 为:

$$\beta = \frac{\mathrm{d}T}{\mathrm{d}t} \tag{3-3-2}$$

代入式(3-3-1)后变形可得:

$$\ln \left(\beta \frac{\mathrm{d}\alpha}{\mathrm{d}t}\right) = -\frac{E_\mathrm{a}}{RT} + \ln[Af(\alpha)] \tag{3-3-3}$$

对时间微分或对温度微分后得到的方程式均为 $-1/T$ 的一阶方程式,当通过浓度数据求得转化率对时间的积分后,对 $\ln \frac{\mathrm{d}\alpha}{\mathrm{d}t}$ 和 $-1/T$ 或 $\ln \left(\beta \frac{\mathrm{d}\alpha}{\mathrm{d}t}\right)$ 和 $-1/T$ 进行一阶最小二乘拟合,即可得到活化能值。

3.3.2　改进的 Vyazovkin 方法

改进的 Vyazovkin 方法相比于 Friedman 方法,对实验噪声的容忍度大,但求解活化能的积分方法中都涉及一个无解析解的积分式 $\int_0^T \exp\left(-\frac{E_\mathrm{a}}{RT}\right)\mathrm{d}T$。为了避免对此积分式的近似求解,可进行如下处理。

对式(3-2-5)进行积分,可得:

$$\int_0^\alpha \frac{\mathrm{d}\alpha}{f(\alpha)} = \int_0^T A\exp\left(-\frac{E_\mathrm{a}}{RT}\right)\mathrm{d}T \tag{3-3-4}$$

令

$$J(E_\mathrm{a}, T(t_\mathrm{a})) = \int_0^t \exp\left[-\frac{E_\mathrm{a}}{RT(t)}\right]\mathrm{d}t \tag{3-3-5}$$

则有:

$$\int_0^{\alpha} \frac{\mathrm{d}\alpha}{f(\alpha)} = \int_0^t A\exp\left(-\frac{E_{\mathrm{a}}}{RT}\right)\mathrm{d}t = A\int_0^t \exp\left[-\frac{E_{\mathrm{a}}}{RT(t)}\right]\mathrm{d}t = AJ(E_{\mathrm{a}}, T(t_{\mathrm{a}}))$$

$$(3\text{-}3\text{-}6)$$

式(3-3-5)是基于转化率 α 所对应的从 0 到 t_{a} 时间段内的常规积分,使用这种方法可以确保每一个求得的活化能数值都是对应转化率区间的平均值,所以活化能的计算误差由整个反应过程决定。针对这一问题,Vyazovkin 又对其进行了修正,使活化能能够充分反映其随着反应进程的变化,具体做法是将时间段进行无限细分,用每一小段时间的积分值代替总的积分值,即

$$J(E_{\mathrm{a}}, T(t_{\mathrm{a}})) = \int_{t_{\mathrm{a}}-\Delta a}^{t_{\mathrm{a}}} \exp\left[-\frac{E_{\mathrm{a}}}{RT(t)}\right]\mathrm{d}t$$

$$(3\text{-}3\text{-}7)$$

若指定一个转化率,则 $\int_0^{\alpha} \frac{\mathrm{d}\alpha}{f(\alpha)}$ 一定,故可以得到:

$$A_{\mathrm{a}}J(E_{\mathrm{a}}, T_1(t_{\mathrm{a}})) = A_{\mathrm{a}}J(E_{\mathrm{a}}, T_2(t_{\mathrm{a}})) = \cdots = A_{\mathrm{a}}J(E_{\mathrm{a}}, T_n(t_{\mathrm{a}}))$$

$$(3\text{-}3\text{-}8)$$

消去 A_{a},将与 α 对应的 E_{a} 视为固定的常数,Vyazovkin 等证明式(3-3-8)可转化为最小值,即

$$\varphi(E_{\mathrm{a}}) = \sum_{i=1}^{n} \sum_{i \neq j}^{n} \frac{J[E_{\mathrm{a}}, T_i(t_{\mathrm{a}})]}{J[E_{\mathrm{a}}, T_j(t_{\mathrm{a}})]} = \min$$

$$(3\text{-}3\text{-}9)$$

式中　变量 i 和 j——2 个不同升温速率条件下的实验序号。

把实验得到的温度和时间数据代入式(3-3-9)后,调整活化能的数值使式(3-3-9)取最小值,则此时所对应的活化能即该转化率 α 下的反应活化能。

3.4　本章小结

本章主要概述了活化能的基本概念、物理意义、具体表征以及研究方法,总结了热分析动力学的理论基础及研究方法,在研究方法中对比分析了等转化率法、静态法和动态法,并选取等转化率法作为主要分析方法;介绍了稠油活化能常用计算方法,即 2 种等转化率法——Friedman 方法及改进的 Vyazovkin 方法。

必须指出,2 种等转化率法正确计算活化能的前提是在线性升温过程中稠油或油砂混合物挥发或蒸发的程度较轻。如果存在严重的挥发或蒸发效应,则 2 种等转化率法就不再适用,计算出的活化能指纹图将不可避免地产生严重的误差。

第4章
稠油氧化反应动力学测定及预测

火驱技术作为一种有效的提高采收率方法,适用范围十分广泛。但由于多种原因,该技术到目前为止仍然没有在油田实现工业化应用。其中最主要的原因是火驱过程难以进行准确的预测和调控。因此,针对火驱过程开展有效的数值模拟研究,可为预测火驱的动态过程及驱油效果提供依据。燃烧动力学关键参数的测定是数值模拟的关键,核心是活化能和指前因子的测定,关于两者的测定方法较多,文献中报道的有恒温法、梯速升温法等,其中梯速升温法根据所用样品的数量及组成,又可分为热重法、燃烧池法等。

通过大量的文献调研和实验,笔者提出了一套完整的活化能测定方法。该方法以热分析动力学相关理论为依据,以燃烧池实验为手段,可计算得到活化能指纹图,从而为火驱数值模拟提供关键参数。

4.1　燃烧池法测定活化能

4.1.1　实验原理

根据热分析动力学的相关理论可知,等温、均相反应体系的反应动力学方程为:

$$\frac{\mathrm{d}c}{\mathrm{d}t} = f(c)k(T) \tag{4-1-1}$$

式中　c——产物质量浓度,kg/m^3;

　　　t——时间,s;

　　　T——温度,℃;

　　　$k(T)$——反应速率常数对温度的函数关系式;

　　　$f(c)$——反应机理函数。

由于大多数热力学过程是非等温的,因此需要对式(4-1-1)进行处理。对于非均相反应,浓度的概念已经不再适用,考虑用转化率 α 代替质量浓度 c,并且引入升温速率 β [式(4-1-2)],从而得到非等温、非均相体系中的反应动力学方程[式(4-1-3)]。

$$\beta=\frac{\mathrm{d}T}{\mathrm{d}t} \tag{4-1-2}$$

$$\frac{\mathrm{d}\alpha}{\mathrm{d}T}=\frac{1}{\beta}f(\alpha)k(T) \tag{4-1-3}$$

式中　α——转化率,%;

　　　β——升温速率(一般为常数),℃/min;

　　　$f(\alpha)$——反应机理函数。

根据 Arrhenius 公式,有:

$$k(T)=A\exp\left(-\frac{E_\mathrm{a}}{RT}\right) \tag{4-1-4}$$

式中　A——指前因子;

　　　E_a——活化能,kJ/mol;

　　　R——通用气体常数,8.314 J/(mol·K)。

将式(4-1-4)代入式(4-1-3),可得非均相体系在非等温条件下常用的反应动力学方程为:

$$\frac{\mathrm{d}\alpha}{\mathrm{d}T}=\frac{A}{\beta}\exp\left(-\frac{E_\mathrm{a}}{RT}\right)f(\alpha) \tag{4-1-5}$$

热分析动力学的数据处理方法包括单一扫描速率法和多重扫描速率法。其中单一扫描速率法需要预先假定反应机理函数 $f(\alpha)$,在某一升温速率下计算动力学参数,该方法又称模式函数法。而多重扫描速率法是指在几种不同的升温速率下得到多条浓度或质量随温度变化的曲线,采用这种方法计算动力学参数时可以排除反应机理函数的影响,该方法又称无模式函数法。在此采用多重扫描速率法中的等转化率法进行活化能的计算。

等转化率法假设转化率 α 一定时,反应机理函数 $f(\alpha)$ 也一定,即假设火驱时所发生的化学反应过程仅与转化率有关,与温度无关。因此,对于同种原油在不同升温速率下的反应,当转化率一定时,其反应机理函数相同,活化能的数值也相同。

在以上假设的基础之上,按照 Friedman 方法,对式(4-1-5)两边取对数,并整理可得:

$$\ln\left(\beta\frac{\mathrm{d}\alpha}{\mathrm{d}T}\right)=-\frac{E_\mathrm{a}}{RT}+\ln[Af(\alpha)] \tag{4-1-6}$$

根据以上假设可知,当转化率为 α 时,对应的活化能 E_a 及反应机理函数 $f(\alpha)$ 一定,因此 $\beta\mathrm{d}\alpha/\mathrm{d}T$ 与 $1/T$ 呈线性关系,据此作两者的关系曲线,采用最小二乘法拟合,通过斜率可求出活化能 E_a。采用相同的方法,可以求得不同转化率对应的活化能,最后得出活化能随转化率的变化曲线,即活化能指纹图。

燃烧反应动力学的另一关键参数——指前因子 A 则需要通过 Arrhenius 公式计

算。根据式(4-1-4)可知,通过热电偶测得温度 T,并求出活化能 E_a 之后,只需要确定反应速率常数 $k(T)$,就可以求得指前因子。但是,反应速率常数 $k(T)$ 与温度的关系和反应机理函数及反应模型有关,因此指前因子的测定方法还有待于进一些研究,由于篇幅所限,在此就这部分不再展开讨论。

4.1.2　实验设备搭建

根据实验原理设计了燃烧池实验装置。该装置由反应器、温度监测及控制系统、气体注入及流量控制系统、过滤系统、气体分析仪和计算机等部件组成。利用燃烧池实验装置可以监测原油燃烧过程中的温度及产出气体浓度变化,然后对浓度数据进行处理可得转化率 α 随时间的变化曲线,进一步处理后就可以得到 $\beta\mathrm{d}\alpha/\mathrm{d}T$ 与 $1/T$ 的关系曲线,通过曲线的斜率即可求出活化能的数值。

图 4-1-1 为燃烧池实验装置图。其中,反应器指燃烧池以及为其提供热量的加热炉;温度监测及控制系统主要指与加热炉相连的温度控制器,它通过 J 型热电偶对实验温度进行监测和控制,并将数据传输至计算机上,本实验温度为 $20\sim600$ ℃,采用线性升温方式;气体注入系统主要指 N_2 及空气瓶;流量控制系统主要指与气瓶相连的气体质量流量计,用于控制气体流量,能够保证气体按照要求的流量注入燃烧池内;气体分析仪的作用是对产出气体的成分及含量进行监测,由于该设备兼顾高温实验及数据的动态监测,且燃烧过程中会产生固体颗粒及其他杂质,所以气体在进入气体分析仪之前需要经过过滤系统。在以上所有部分中,最为关键的部分为反应器和气体分析仪。

1) 燃烧池和加热炉

作为原油燃烧反应的发生装置,燃烧池(图 4-1-2)必须能够承受高温高压的作用,因此,它被设计成一个不锈钢材质的厚壁容器。其长度为 10 cm,内径为 3.5 cm,厚度为 2 cm。燃烧池中间有一个圆柱形样品室,内放一个特制的小砂杯,配置好的样品装入小砂杯中进行燃烧。为了避免原油在燃烧池的内表面发生反应,其内壁涂有防氧化涂料。燃烧池的底部和顶部用耐高温高压的紫铜垫圈进行密封,以保证装置的气密性。燃烧池下端连有一段由长度为 2 m、外径为 3 mm 的高压不锈钢管线盘绕成的直径约为 5 cm 的线圈,其作用是对进入燃烧池的气体进行预热,以保证气体进入燃烧池之前其温度与池内温度一致。另外,在燃烧池中部接有 J 型热电偶,以对池内温度进行实时监测,并将数据传输至计算机上。

实验过程中采用线性升温方式,升温速率由温度控制器控制,通过设定目标温度以及达到温度所需要的时间来调节升温速率。燃烧池与加热炉(图 4-1-3)的温度通常会有差异,这是因为加热炉从外部对燃烧池进行加热,热量会通过燃烧池的厚壁产生温度梯度。实验过程中每 1 s 记录一次温度数据,然后将数据自动传输至计算机上存储。

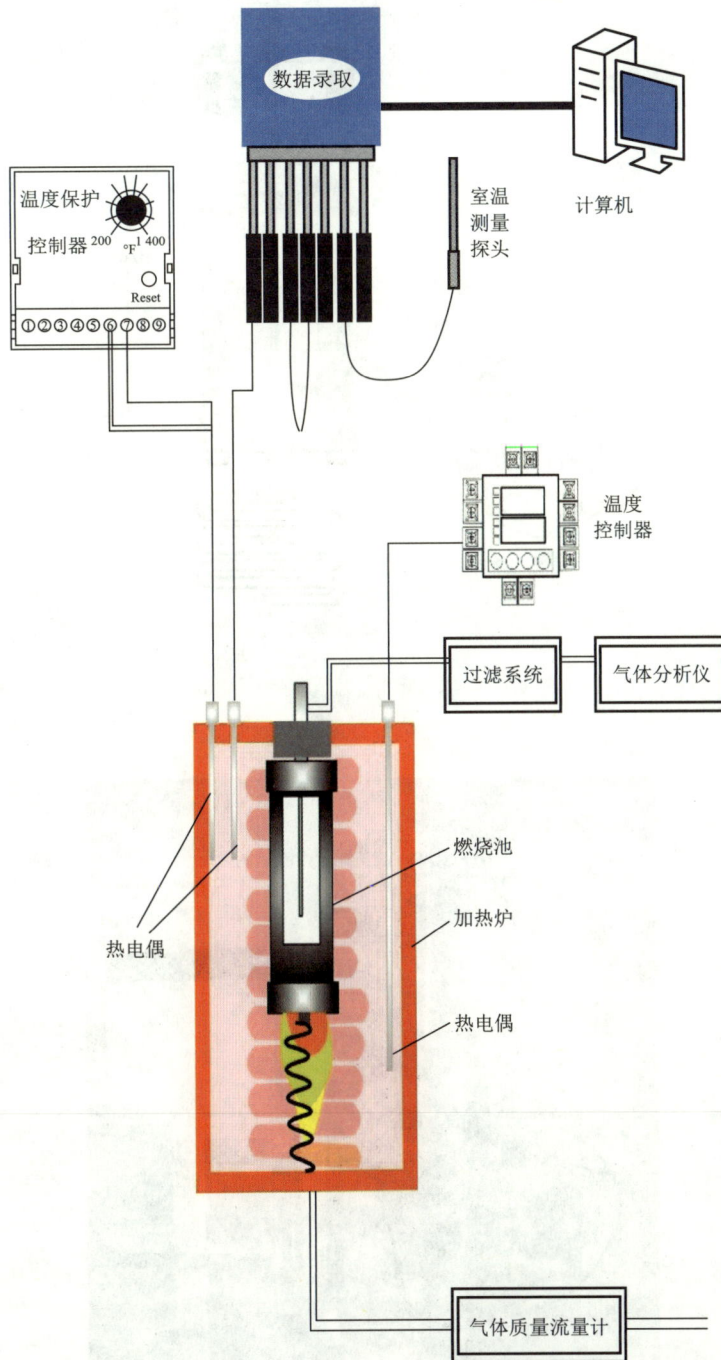

图 4-1-1　燃烧池实验装置示意图

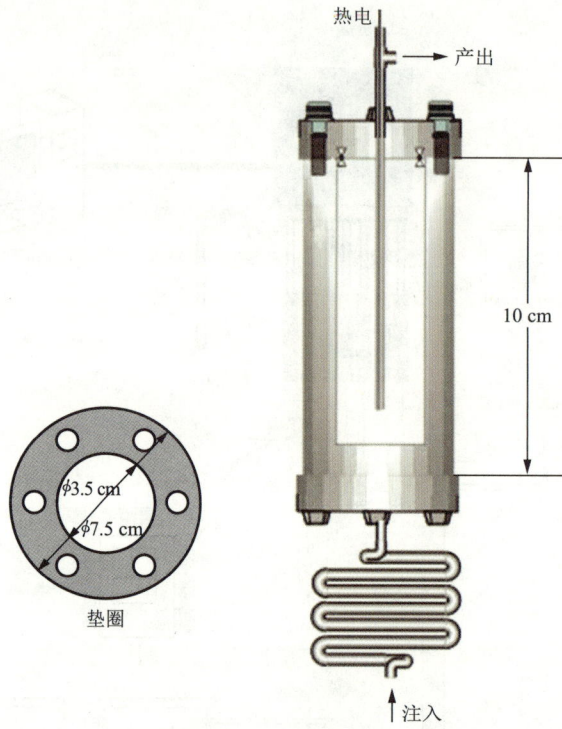

图 4-1-2 燃烧池

图 4-1-3 加热炉

2）气体分析仪和过滤系统

气体分析仪（图 4-1-4）共包含 2 个模块，即磁性模块和红外模块。在磁场中各种气体都具有磁性，其中氧气具有很强的顺磁性，而绝大多数其他气体则表现为弱磁性或抗磁性。气体的磁化率基本上是由氧气的含量来决定的，因此可以通过测定混合气体的磁化率来确定其中氧气的含量。红外模块利用红外线进行气体分析，主要针对多原子气体，如 CO_2，CO，CH_4，H_2S。由比尔定律可知，气体组分的含量不同，红外线垂直穿透时吸收的辐射能就不同，剩下的能量就会造成检测器不同程度的升温，以至于动片薄膜两边受到不同的压力，然后被电容检测器转化为电信号，进而求出待测气体含量。气体含量每 $1\sim2$ s 记录一次，并且数据通过软件传输、存储到计算机上。燃烧池实验中气体分析仪的作用主要是对 CO_2 及 O_2 的含量进行监测。另外，气体分析仪使用一段时间后需要进行标定，标定所用零气为 N_2，量程气为 O_2，CO_2，CH_4，CO，H_2S。具体的标定方法如下：

（1）调节手动切换阀，选择"标定"及"零气"选项；

（2）将 N_2 瓶与零气入口连接，待标定的气体（如 O_2）与量程气入口连接；

（3）打开 N_2 瓶，调节 N_2 流量，使流量计示数为 1 L/min；

（4）操作仪表，按 2 次"ENT"键，输入密码，进入操作界面；

（5）在操作界面中选择"标定"选项，按"ENT"键进入；

（6）将量程气浓度设置为"0"，待 AC（交流电流）值稳定后点击"存储"选项，即完成了零气的标定，然后关闭 N_2 瓶；

（7）将手动切换阀调至"量程气"选项，打开量程气瓶，调节量程气流量为 1 L/min，将量程气浓度设置为气罐上相应的值，重复步骤（5）和（6），完成其余量程气的标定。

图 4-1-4　气体分析仪

由图 4-1-1 可以看出，燃烧池和气体分析仪中间装有过滤系统。气体进入气体分析仪之前，需要依次通过集液器、砂滤器和气体净化器。集液器通过一根直径约 6 mm 的管线与燃烧池相连，该管线可以使流出的高温气体冷却、液化，然后收集到集液器中。

为了进一步除掉气体中的水分和杂质,集液器后面装有砂滤器,其容积为 300 mL,内部用 20～40 目的粗砂和 60～100 目的细砂充填,每次实验后都要更换充填砂。之后气体通过气体净化器,其作用是除去剩余的烃类、水分以及直往小于 12 μm 的颗粒。气体净化器通过分子筛以及特殊的可更换式的滤芯来除去污染物。

4.1.3 实验方法

(1) 实验样品的准备。

在燃烧池实验过程中,每一种原油或拟组分都要分 3 次、在 3 种不同的升温速率下进行加热,即除升温速率外,这 3 次实验所用样品的量及组成应相同。因此,样品的准备是保证实验重现性的最关键的一步。准备样品有 2 种方法:一种是每次实验前都单独准备样品;另一种是一次性准备至少足够 10 次实验的样品。第 2 种方法能够保证每次实验样品的一致性,但是样品存在被提前氧化的风险。经实验发现,用被氧化过的原油进行燃烧实验时,温度变化以及反应速率都会出现异常,影响测定结果。因此,采用第 1 种方法准备样品。样品中原油的用量也十分关键,如果原油质量过大,则会造成较大的温度波动;如果原油质量过小,则无法保证产生足够的气体用于分析。经过反复的实验,最终确定了最佳的样品组成:20 g 经高温处理的河砂和 0.22 g 脱水后的齐古组稠油(或收集到的拟组分)。由于齐古组稠油黏度较大,因此可以在加热的条件下将其与河砂混拌均匀。其中河砂在 600 ℃ 的条件下高温处理 8 h,以消除矿物组分及活性基团对稠油燃烧行为的影响。

(2) 将小砂杯放入燃烧池中,然后在小砂杯底部垫上 25 g 经高温处理的河砂,最后在小砂杯中逐层加入实验样品,并捣实。装入样品前、后都要对燃烧池进行称重,以准确获取样品的质量。用紫铜垫圈密封燃烧池和法兰的连接处,旋紧螺丝,同时将热电偶插入燃烧池中。

(3) 将燃烧池与过滤系统连接,打开 N₂ 瓶,封堵出口管线,用皂泡法检查燃烧池以及管线中是否存在泄漏,也可以通过压力表示数判断。

(4) 确定没有泄漏之后,将燃烧池放入加热炉中,连接好管线。

(5) 打开气体分析仪,进行标定。

(6) 打开温度控制器,选择"线性升温"这一程序段,将加热温度设置为 20～600 ℃,按照对升温速率的要求设置加热时间。实验中所采用的加热时间有 120 min,180 min,240 min 及 320 min,对应的升温速率分别为 4.8 ℃/min,3.2 ℃/min,2.4 ℃/min 及 1.92 ℃/min。温度设定完成后,关闭 N₂ 瓶,通入 O₂,将气体流量设置为 1 000 mL/min,调节背压阀,使反应器内部压力可在 -3～0.7 MPa 范围内调整。

(7) 温度、压力及气体流量设置完毕后,打开加热炉开始加热。同时,打开计算机进行数据采集,将监测到的反应器内的温度、压力及产出气体含量数据传输到计算机上。

(8) 当温度达到 600 ℃ 后,关闭温度控制器(或者直接利用温度控制器上的降温程序段控制加热炉的降温过程），打开加热炉上的保温盖开始降温，然后关闭气阀及气体分析仪，保存数据。

（9）待燃烧池冷却至 80 ℃以下时，将燃烧池从加热炉内取出，旋开顶盖，将其中的小砂杯取出，观察样品燃烧后的剩余物形态。

（10）对记录的温度及 CO_2 含量数据进行处理，得到稠油燃烧过程中的温度及产物含量变化曲线。然后依据 3.3.1 小节所介绍的 Friedman 方法，利用 Matlab 程序计算出活化能的数值。

综上，利用本章所述的燃烧池实验装置以及实验方法，结合热分析动力学相关理论，对实验数据进行处理，并利用 Friedman 方法可计算出氧化反应的活化能，从而实现对稠油氧化反应动力学参数的测定。

4.2　稠油在多孔介质中的燃烧行为

4.2.1　风城齐古组稠油的燃烧特性

按照前述的实验方法取 20 g 经高温处理的河砂与 0.22 g 脱水后的齐古组稠油混拌均匀后，进行燃烧池实验。实验过程中采用的升温速率分别为 3.2 ℃/min，2.4 ℃/min 和 1.92 ℃/min，气体流量为 1 000 mL/min，反应器内压力为 0.69 MPa。

图 4-2-1 为燃烧前、后砂和油的形貌图。从图中可以看出，燃烧后油砂体系中只剩下高温处理过的河砂，而齐古组稠油在燃烧过程中已经被完全消耗掉。

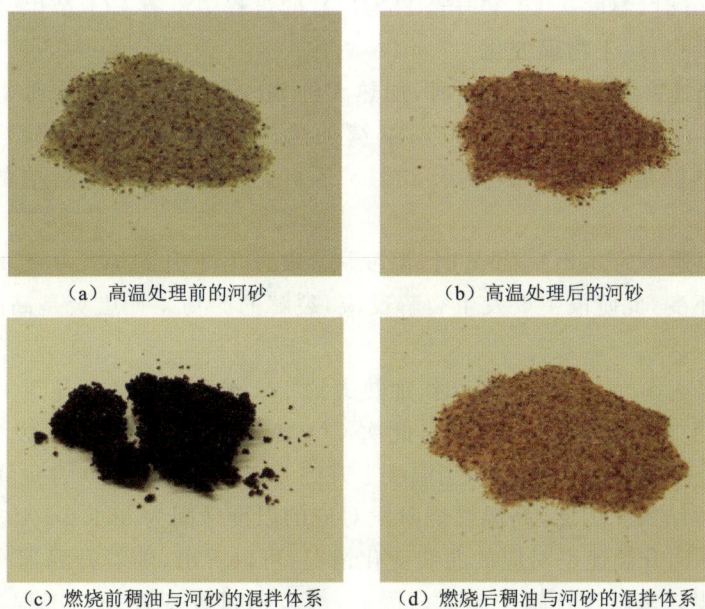

（a）高温处理前的河砂　　　　　（b）高温处理后的河砂

（c）燃烧前稠油与河砂的混拌体系　　（d）燃烧后稠油与河砂的混拌体系

图 4-2-1　燃烧前、后砂和油的形貌图

通过实验得到了齐古组稠油在多孔介质中燃烧时的温度及产出气体（CO_2）含量的变化情况，如图 4-2-2 所示。

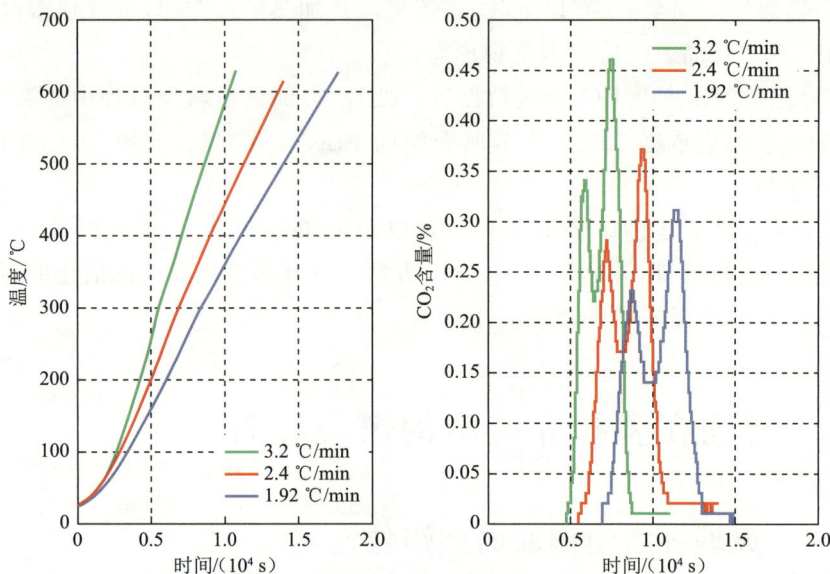

图 4-2-2　稠油在多孔介质中燃烧时的温度及 CO_2 含量变化曲线

从图 4-2-2 中可以看出：

（1）3 种升温速率下，CO_2 含量变化曲线均出现了 2 个非常明显的驼峰，而温度变化曲线虽然总体呈现较为平滑的状态，但是在 CO_2 含量峰值的位置（相应时间）也出现了 2 个较小的转折点。加热速率越小，2 个驼峰的间隔及峰宽越大，而峰高越低。当升温速率为 3.2 ℃/min 时，温度从 20 ℃升至 253.8 ℃的过程中没有 CO_2 产生，此时主要发生轻质油的蒸馏反应，属于物理变化。

（2）当升温速率为 3.2 ℃/min 时，加热大约 96 min 后温度上升到 311.3 ℃，出现了 CO_2 含量的第 1 个峰值，为 0.33%；继续加热，CO_2 含量开始下降，当温度上升至 342.4 ℃时，CO_2 含量降至最低，为 0.23%。因此，低温氧化阶段对应的温度区间为 253.8～342.4 ℃。

（3）当升温速率为 3.2 ℃/min 时，温度从 342.4 ℃上升到 364.0 ℃的过程中，CO_2 含量基本维持不变，此阶段主要发生裂解反应，裂解的产物——焦炭是高温燃烧反应的燃料。

（4）当升温速率为 3.2 ℃/min 时，加热大约 122 min 后温度上升到 416.6 ℃，出现了 CO_2 含量的第 2 个峰值，为 0.46%。此次 CO_2 含量的急剧上升表明发生了更加强烈的高温燃烧反应。随着反应的进行，当温度上升到 493.2 ℃之后，CO_2 含量降至 0.03%，表明高温燃烧过程结束。因此，高温燃烧阶段对应的温度区间为 364.0～493.2 ℃。

（5）对比不同升温速率对应的曲线变化情况，可以看出，随着升温速率的降低，CO_2 含量峰值出现得越来越晚且越来越低。因此，可以通过改变现场的工程条件来控制燃烧的峰值温度以及燃烧前缘的推进速度。

4.2.2   风城齐古组稠油燃烧过程中的活化能测定结果

将温度及 CO_2 含量数据进行处理,利用 Friedman 方法计算得到齐古组稠油燃烧过程中的活化能指纹图,如图 4-2-3 与图 4-2-4 所示,它们分别表示齐古组稠油燃烧过程中的活化能随着反应进程(转化率)以及反应温度的变化情况。从图中可以看出:

(1)随着反应的进行,活化能呈现波动的态势,这是因为在稠油氧化过程中发生很多不同的反应,而不同反应发生时所需要跨过的势垒都不同。

(2)在反应的初始阶段,转化率达到 0.05、反应温度达到 284 ℃ 之前,活化能随转化率及温度的变化幅度较大,这是由于初始反应阶段存在实验噪声,而 Friedman 方法对实验噪声非常敏感,导致这部分数据出现异常。

(3)当转化率为 0.05～0.32 时,对应的温度区间为 284～340 ℃,此时稠油处于低温氧化阶段,主要发生加氧及裂解反应,活化能为 38.5～691 kJ/mol。

(4)当转化率为 0.32～0.41 时,对应的温度区间为 342～364 ℃,此时稠油发生裂解反应,活化能为 38.5～257.6 kJ/mol。

(5)当转化率超过 0.41 之后,稠油开始进入高温燃烧阶段。在高温燃烧的初始阶段,随着反应的进行,活化能不断增大。当转化率达到 0.47～0.53 时,对应的温度区间为 383～397 ℃,活化能达到最大值,为 398～409 kJ/mol。之后活化能开始减小。当转化率达到 0.85 时,对应的温度为 440 ℃,活化能减小至 0。

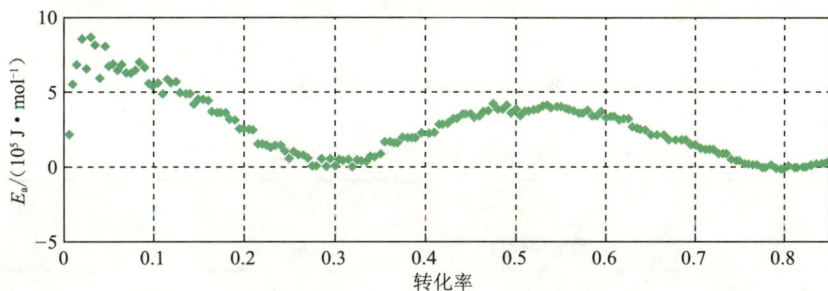

图 4-2-3 齐古组稠油燃烧过程中的活化能随反应进程的变化图

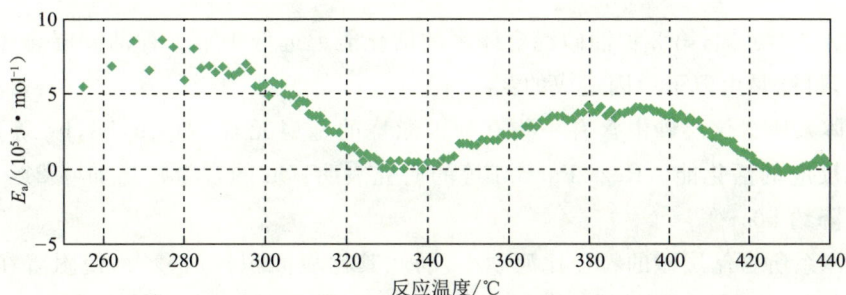

图 4-2-4 齐古组稠油燃烧过程中的活化能随反应温度的变化图

（6）当转化率大于 0.85 时，剩下的稠油组分较少，但是氧气过量，此时矿物组分有可能在高温下与氧气发生反应，从而使计算得到的活化能大大减小，甚至出现负值。这种异常情况也是由实验噪声造成的，因此这部分数据没有在图中体现出来。

4.2.3　不同类型砂对稠油活化能测定的影响

为了研究砂的类型对稠油活化能测定的影响，分别取 2 种不同的油砂混合体系进行实验：① 第 1 种油砂混合体系为 20 g 经高温处理的河砂与 0.22 g 脱水后的齐古组稠油混拌；② 第 2 种油砂混合体系为 18 g 经高温处理的河砂与 2 g 井下密闭取芯的油砂混拌。第 1 种油砂混合体系的活化能指纹图如图 4-2-3 所示，第 2 种油砂混合体系的活化能指纹图如图 4-2-5 所示。从图中可以看出，与第 1 种油砂混合体系相比较，第 2 种油砂混合体系燃烧过程中的活化能数值非常稳定。将 2 种油砂混合体系在不同反应阶段的活化能数值进行对比，结果见表 4-2-1。

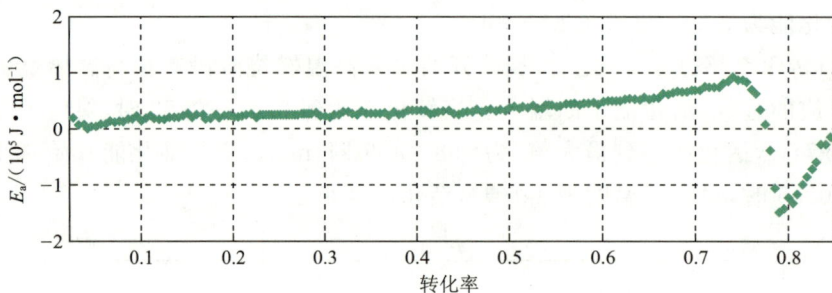

图 4-2-5　第 2 种油砂混合体系的活化能指纹图

表 4-2-1　2 种油砂混合体系的活化能对比结果

实验样品	不同反应阶段的活化能 E_a/(kJ·mol^{-1})		
	低温氧化	裂解反应	高温燃烧
第 1 种油砂混合体系	38.5～691	38.5～257.6	398～409
第 2 种油砂混合体系	31.8～46.1	31.8～33.7	33.7～84.1

由表 4-2-1 可知，第 2 种油砂混合体系的活化能远远低于第 1 种油砂混合体系。经分析认为，可能是由以下原因造成的：

（1）体系所含储层砂中含有一些有利于燃烧的金属元素，如 Cu，Ni，Fe 等，可降低稠油氧化反应的活化能。Reza Fassihi 等的研究表明：Cu 的含量每增加 0.2%，就能使活化能下降约 50%。

（2）体系所含储层砂的粒径比河砂小，因此其比表面积较河砂大，使附着在上面的稠油在燃烧过程中与空气的接触面积较大，导致其反应速率增大，活化能降低。

（3）体系所含黏土中的高岭石组分可以作为催化剂，用于催化裂解和高温氧化反应,因而能降低其活化能,增大燃烧反应速率。

（4）体系所含储层砂中可能含有少量煤质胶结物,也会推进燃烧反应的进行。

4.3 用拟组分活化能预测稠油活化能

4.3.1 拟组分活化能的测定

为了充分了解稠油燃烧过程中各拟组分的变化情况,将收集到的各拟组分进行了燃烧池实验。首先将 0.22 g 的 90～130 ℃的拟组分在 3.2 ℃/min 的升温速率下进行燃烧,结果发现,整个燃烧过程中监测到的 CO_2 含量都非常低,无法进行活化能计算。在此基础上,将 330～360 ℃的拟组分用量增加到 0.62 g 进行尝试性实验,而其他各拟组分的用量仍然保持在 0.22 g,升温速率均采用 3.2 ℃/min,其他实验条件如空气注入速度、压力以及实验方法均与稠油的燃烧池实验保持一致。图 4-3-1 所示为各拟组分燃烧时的温度及 CO_2 含量的变化情况。

从图 4-3-1 中可以看出,当升温速率为 3.2 ℃/min 时,各拟组分燃烧的产物含量出现 2 个波峰,分别代表低温氧化与高温燃烧反应,温度变化曲线也有较为明显的转折点;对于 330～360 ℃的拟组合,即使用量增加了近 2 倍,其产物 CO_2 含量依然很低,峰值不足 0.2%。另外,由前文可知,升温速率越大,产物 CO_2 含量越高。由此可以推断,当升温速率下降至 2.4 ℃/min 以及 1.92 ℃/min 时,CO_2 含量会更低,因此无法计算出 360 ℃之前的拟组分的活化能。鉴于此,从 360～420 ℃的拟组分开始计算活化能。

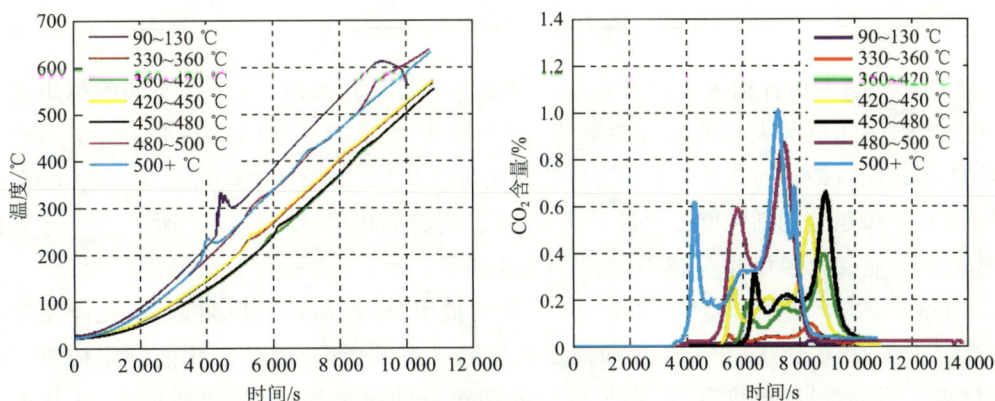

图 4-3-1 各拟组分在同一升温速率下的温度及 CO_2 含量变化情况

将温度及 CO_2 含量数据进行处理,利用 Friedman 方法计算出齐古组稠油中各拟组分的活化能,结果见表 4-3-1。

表 4-3-1 360 ℃以上各拟组分在不同反应进程的活化能数

转化率	不同拟组分的反应活化能 E_a/(kJ·mol^{-1})				
	360~420 ℃	420~450 ℃	450~480 ℃	480~500 ℃	500+ ℃
0.02	292.1	−148.81	313.0	13.21	214.7
0.05	908.3	153.13	318.2	66.36	227.5
0.10	−150.1	307.51	489.6	307.29	312.1
0.15	19.7	−164.38	271.8	263.70	315.4
0.20	118.4	129.40	228.6	110.57	299.2
0.25	185.7	64.13	345.2	144.76	353.3
0.30	95.8	100.58	380.6	272.01	314.1
0.35	191.9	96.99	228.0	267.77	307.4
0.40	159.1	118.43	429.4	197.74	270.6
0.45	208.7	139.30	454.8	227.89	235.8
0.50	282.4	225.24	380.2	199.68	221.8
0.55	346.1	165.38	311.4	214.04	211.2
0.60	348.7	196.14	338.7	212.55	225.6
0.65	427.3	239.15	377.1	227.18	260.8
0.70	466.4	263.28	408.3	276.43	277.3
0.75	550.8	397.76	478.7	333.15	312.1
0.80	491.9	457.49	536.4	425.94	338.8
0.85	246.2	555.93	571.5	479.14	326.1

根据表 4-3-1 作各拟组分的活化能指纹图。通过对比发现,这 5 种不同的拟组分按照活化能的变化情况大致可以分为三大类,其中 360~420 ℃和 420~450 ℃拟组分的活化能随着反应的进行变化幅度较大,且变化趋势相似,如图 4-3-2 所示;450~480 ℃和 480~500 ℃拟组分的活化能上下波动明显,且变化趋势相似,如图 4-3-3 所示;500+ ℃拟组分的活化能变化幅度相对较小,如图 4-3-4 所示。

由图 4-3-2 可以看出,对于 360~420 ℃的拟组分,在初始反应阶段,活化能变化范围较大,为 300~1 000 kJ/mol,该阶段受到实验噪声的影响,因此活化能测定结果不准确;随着反应的进行,温度升高,参与反应的拟组分的量增加,反应速率增大,活化能降低,当转化率约为 0.11 时,活化能降至最低值,约为 −200 kJ/mol;当转化率为 0.11~0.80 时,随着反应的进行,活化能逐渐增大,在转化率为 0.75 时达到最大值,为 550 kJ/mol,该区间内活化能的平均值为 260~280 kJ/mol。

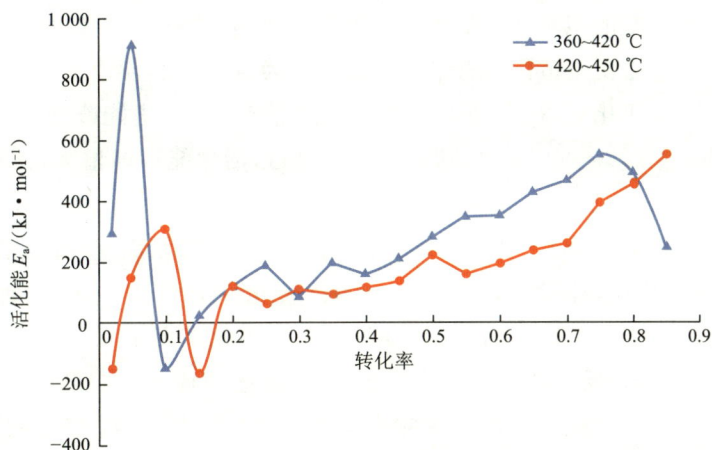

图 4-3-2　360～420 ℃和 420～450 ℃拟组分的活化能指纹图

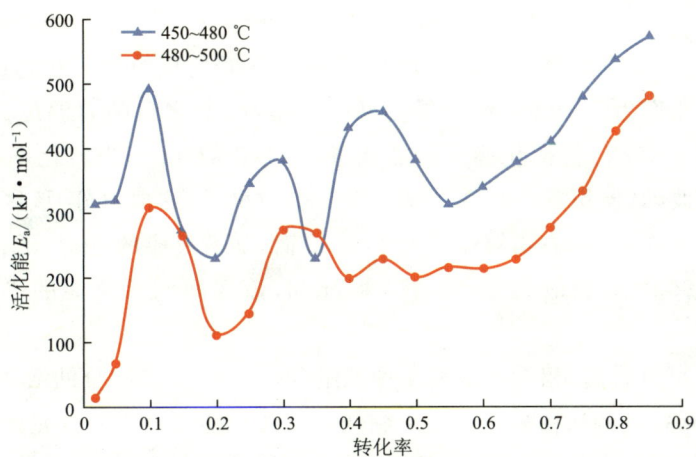

图 4-3-3　450～480 ℃和 480～500 ℃拟组分的活化能指纹图

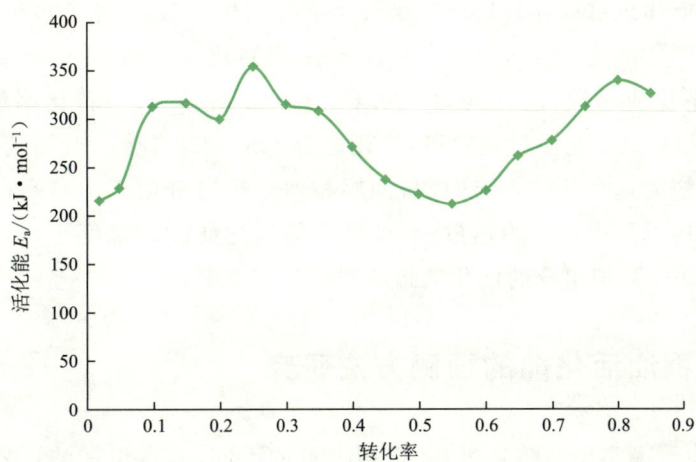

图 4-3-4　500+ ℃拟组分的活化能指纹图

对于 420～450 ℃的拟组分,活化能的变化趋势与 360～420 ℃的拟组分类似。在初始反应阶段,活化能变化范围也较大;当转化率为 0.10 时,活化能达到 300 kJ/mol;之后随着温度升高,活化能降低,在转化率约为 0.15 时,活化能降至最低值,为一164 kJ/mol;当转化率为 0.20～0.85 时,随着反应的进行,活化能逐渐增大,在转化率为 0.85 时达到最大值,为 556 kJ/mol,该区间内活化能的平均值为 200～220 kJ/mol。

由图 4-3-3 可以看出,对于 450～480 ℃的拟组分,在初始反应阶段,活化能较大,当转化率为 0.10 时,活化能高达 489.6 kJ/mol;当转化率为 0.20～0.60 时,活化能上下波动,该区间内活化能的平均值约为 320 kJ/mol;当转化率大于 0.60 之后,随着反应的进行,反应物浓度降低,反应速率减小,因此,活化能逐渐增大,在转化率为 0.85 时,活化能达到 571.5 kJ/mol,此时反应速率完全受燃料含量控制,有约 15%的燃料分布在岩石颗粒堆积的孔隙之间,导致空气与其接触频率大大降低,反应速率降低,该区间内活化能的平均值为 320～330 kJ/mol。

对于 480～500 ℃的拟组分,活化能的变化趋势与 450～480 ℃的拟组分类似,但是除个别点外在各个反应阶段活化能均低于 450～480 ℃的拟组分。在初始反应阶段,活化能较大,当转化率为 0.10 时,活化能达到 300 kJ/mol;之后随着温度升高,活化能降低,在转化率约为 0.20 时,活化能降至最低值,为 110 kJ/mol;当转化率为 0.20～0.52 时,活化能上下波动,但是波动幅度明显小于 450～480 ℃的拟组分,该区间内活化能的平均值为 200～210 kJ/mol;当转化率大于 0.52 时,随着反应的进行,活化能逐渐增大,在转化率为 0.85 时达到最大值,为 479 kJ/mol,该区间内活化能的平均值为 270～295 kJ/mol。

由图 4-3-4 可以看出,相对于前面 4 种拟组分,500＋ ℃拟组分的活化能变化幅度较小,且曲线形状最接近稠油在多孔介质中燃烧时的活化能指纹图。这是因为 500＋ ℃的拟组分在稠油中的含量高达 66.1%,因此,该温度段的拟组分对于原油的燃烧行为影响最大。当转化率在 0.03 之前时,受实验噪声(主要是挥发)的影响,活化能对转化率十分敏感,图中没有体现这些异常的点。当转化率为 0.03～0.34 时,500＋ ℃拟组分处于低温氧化阶段,活化能为 224.6～309.8 kJ/mol;当转化率为 0.34～0.52 时,500＋ ℃拟组分进入裂解反应阶段,活化能为 226.6～309.8 kJ/mol;当转化率为 0.52～0.82 时,500＋ ℃拟组分处于高温燃烧阶段,活化能为 209～226.2 kJ/mol。

另外,在燃烧池这个开放系统中(与油层相似),重组分由于沸点高,在中低温度时挥发程度低,反应过程中带走的热量少,计算出的活化能波动幅度小,因此低温氧化和中温裂解时,500＋ ℃拟组分的活化能指纹图相对较稳定。

4.3.2 稠油活化能的预测方法研究

根据实沸点蒸馏实验的结果可知,按照沸点的不同,齐古组稠油可划分为 11 种不同的拟组分,分别为初馏点(95 ℃左右)～130 ℃,130～200 ℃,200～230 ℃,230～

300 ℃,300～330 ℃,330～360 ℃,360～420 ℃,420～450 ℃,450～480 ℃,480～500 ℃以及 500＋ ℃,并且获得了各拟组分的含量。通过燃烧池实验,得到了各拟组分的活化能数值(表 4-3-2)。基于以上研究,尝试建立拟组分活化能与稠油活化能之间的定量关系。

表 4-3-2　不同拟组分在不同反应阶段的活化能对比结果

拟组分(沸程)/℃	不同反应阶段的活化能/(kJ·mol⁻¹)		
	低温氧化	裂解反应	高温燃烧
＜360	—	—	—
360～420	30～570.1	30～165.9	166～568.2
420～450	50.8～323.2	50.8～164.1	154～205
450～480	288.7～519.4	194.1～450.4	305.1～596.4
480～500	3.9～368.4	130.2～261	228.5～644.6
500＋	224.6～309.8	222.6～309.8	222.6～209

由表 4-3-2 可知,沸程小于 360 ℃的拟组分无法进行活化能计算,这是因为其燃烧时产生的 CO_2 含量很低;另外,由于齐古组稠油重组分含量很高,而沸程小于 360 ℃的拟组分的总含量仅为 13.12%,因此,这一部分的影响可以忽略不计,从 360～420 ℃这一温度段开始考虑拟组分活化能与稠油活化能的关系。

在已知各拟组分在稠油中的含量及其活化能的基础上,按照权重法计算稠油的活化能,计算公式如下:

$$E_a = \sum E_{ai} f_i \tag{4-3-1}$$

式中　E_a——预测出的稠油活化能,kJ/mol;

　　　E_{ai}——拟组分 i 的活化能,kJ/mol;

　　　f_i——拟组分 i 的含量(质量分数),%。

其中各拟组分的含量是在除去沸程小于 360 ℃的拟组分之后,将剩余的拟组分重新进行计算得出的。根据以上分析可得齐古组稠油样品活化能的计算公式为:

$E_a = E_a(360～420 ℃)·4.984\% + E_a(420～450 ℃)·5.076\% + E_a(450～480 ℃)·$

　　　$9.174\% + E_a(480～500 ℃)·4.685\% + E_a(500＋ ℃)·76.081\% \tag{4-3-2}$

将计算结果与实验结果进行对比,如图 4-3-5 所示。从图中可以看出,根据拟组分活化能预测出的稠油活化能与实验结果的变化趋势类似,并且在转化率达到 0.35 之后预测效果较好。

通过上述分析,笔者提出了一种预测稠油活化能的新方法:

(1)将待测稠油样品进行色谱分离实验,确定 360～420 ℃,420～450 ℃,450～480 ℃,480～500 ℃以及 500＋ ℃各温度段对应的拟组分含量;

(2)根据所测得的各拟组分的活化能数值,按照式(4-3-1)计算出稠油的活化能。

该方法的优点在于:只需要通过简单的气相色谱实验即可获得稠油活化能的大致

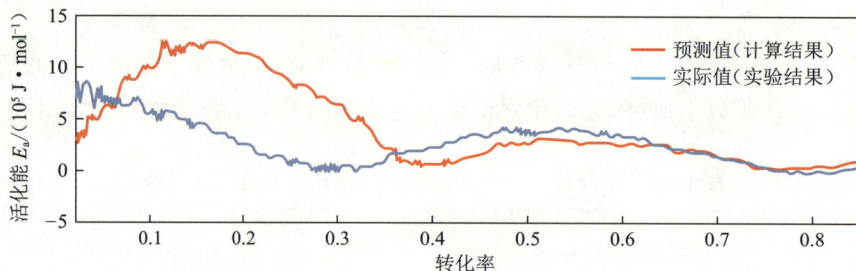

图 4-3-5　稠油活化能的预测结果与实验结果对比图

范围,省去了稠油的燃烧池实验这一复杂的过程,并且计算结果与实际值接近。而不足之处在于:虽然预测结果与实验结果基本吻合,但是从图 4-3-5 可以看出,2 种方法得到的活化能结果在数值以及变化趋势上仍存在一些差别,这是由于燃烧过程中各拟组分与氧气的反应行为十分复杂,且多种反应同时发生,因此仅仅按照含量对各拟组分的活化能进行加成显然是不够的。例如,在转化率为 0.10 时,有的拟组分可能发生了蒸馏作用,有的拟组分可能还没有与氧气发生反应,那么此时将每种拟组分的活化能按照权重法进行加成显然是不合理的。另外,由于技术原因,只考虑了沸程大于 360 ℃的拟组分对稠油活化能的影响,这也是该方法的不足之处。今后还需要综合考虑各种拟组分的燃烧行为,对该预测方法进行修正。

4.3.3　齐古组稠油燃烧过程中敏感组分的确定

由第 3 章可知,Tolman 用统计力学的理论对活化能重新进行了定义,他认为,活化能是指在某反应温度下活化分子所具有的平均能量与全部反应物分子的平均能量之差。该定义是目前为止公认的对活化能最合理、最准确的解释。因此,活化能数值越小,表示活化分子与反应物分子的平均能量之差越小,即反应物分子变成产物分子所需要越过的势垒越小,反应越容易发生。而稠油燃烧过程中的敏感组分是指与空气接触的过程中最容易发生反应的组分,因此,可以将各拟组分的活化能测定结果进行对比,将活化能最小的拟组分定义为齐古组稠油燃烧过程中的敏感组分。

表 4-3-2 为不同拟组分在不同反应阶段对应的活化能数值。从表中可以看出,受实验噪声的影响,各拟组分在低温氧化阶段的活化能都不太稳定,因此,暂不考虑这一反应阶段。在裂解反应和高温燃烧阶段,420～450 ℃的拟组分的活化能均低于其他温度段的拟组分,即稠油与氧气接触时,420～450 ℃的拟组分比较容易发生反应,且反应速率较大。因此,齐古组稠油燃烧过程中的敏感组分为 420～450 ℃的拟组分。

4.4　本章小结

本章主要采用燃烧池实验方法对齐古组稠油及其拟组分的反应行为进行了分析,

并得到以下结论：

（1）稠油在多孔介质中燃烧时，在升温速率为 3.2 ℃/min 的条件下，低温氧化阶段对应的温度区间为 253.8～342.4 ℃，裂解反应阶段对应的温度区间为 342.4～364.0 ℃，高温燃烧阶段对应的温度区间为 364.0～493.2 ℃。当温度达到 311.3 ℃和 416.6 ℃时，均出现了 CO_2 含量的峰值，分别为 0.33% 和 0.46%，标志着低温氧化和高温燃烧反应的发生。另外，升温速率越大，CO_2 的含量峰值越高。这一结论可为现场控制燃烧峰值温度以及燃烧前缘的推进速度提供依据。

（2）稠油在多孔介质中反应时，活化能随着反应的进行不断波动。当转化率为 0.05～0.32 时，稠油发生低温氧化反应，对应的活化能为 38.5～691 kJ/mol；当转化率为 0.32～0.41 时，稠油发生裂解反应，对应的活化能为 38.5～257.6 kJ/mol；当转化率大于 0.41 时，稠油发生高温燃烧反应，当转化率为 0.47～0.53 时，活化能达到最大值，为 398～409 kJ/mol。由于实验噪声的影响，当转化率大于 0.85 时，活化能的值下降为 0 甚至出现负值。

（3）将经高温处理的河砂与井下密闭取芯的油砂混拌之后进行燃烧，计算出的活化能数值非常稳定，当转化率为 0.02～0.75 时，活化能为 20～100 kJ/mol。将其反应行为与经高温处理的河砂和齐古组稠油混拌的油砂混合体系进行对比，发现前者活化能的数值远远低于后者。造成该现象的原因可能是井下密闭取芯油砂粒径较小，且含有一些有利于燃烧的金属元素、黏土以及少量煤质胶结物。

（4）通过拟组分的燃烧池实验得出，沸程小于 360 ℃ 的拟组分反应时产生的 CO_2 含量过低，无法进行活化能计算。根据 Friedman 方法计算出 360～420 ℃，420～450 ℃，450～480 ℃，480～500 ℃ 以及 500＋ ℃ 拟组分的活化能，其中 500＋ ℃ 拟组分的活化能指纹图最接近稠油在多孔介质燃烧时的活化能指纹图。

（5）在计算出各拟组分活化能的基础之上，按照权重法对稠油的活化能进行了预测，计算公式为 $E_a = \sum E_{ai} f_i$。将预测结果与实验结果进行对比，发现 2 种方法得出的活化能变化趋势类似，且在转化率达到 0.35 之后预测效果较好。

（6）通过对比各拟组分的活化能，发现 420～450 ℃ 拟组分的活化能在各反应阶段均低于其他组分，是齐古组稠油燃烧过程中的敏感组分。

（7）不同拟组分与氧气反应的行为差异较大，即活化能差异很大。其中 300～330 ℃，360～420 ℃，420～450 ℃ 拟组分的平均活化能较低，尤其是 360～420 ℃ 和 420～450 ℃ 拟组分的活化能曲线中出现了负值，显示出较强的反应活性。

（8）拟组分越重，活化能波动幅度越小，活化能指纹图越稳定。

第 5 章
火线稳定传播的判断及影响因素

由前人的工作可知,原油和空气在孔隙中能否燃烧取决于原油的性质、黏土矿物组分、孔隙大小及其分布等因素。通常原油的性质和黏土矿物组分 2 个因素决定了活化能的大小,而孔隙大小及其分布则与燃烧后火线能否稳定向前传播有关,一般通过一维燃烧管实验评价。

5.1　燃烧管实验目的

目前有关火驱稳定性判断的室内方法只有燃烧管实验法,该方法最早由加拿大卡尔加里大学提出,随后美国斯坦福大学也建立了燃烧管实验装置,国内于 20 世纪 80 年代开展了燃烧管实验。通过燃烧管实验主要可以得到以下关键参数:① 点火温度;② 燃烧消耗的油量;③ 单位体积储层中的耗氧量;④ 燃烧产物中的氢碳原子比;⑤ 空气与燃料含量比;⑥ 波及区的采收率;⑦ 产出物组成;⑧ 火线前缘温度。

上述参数可为火驱数值模拟和现场工艺参数的设计提供极为重要的参考。另外,通过对火线前缘温度的探测,可以得出原油的燃烧特征,并根据温度分布和对实验结果的观察,将火驱储层划分为 5 个或 7 个区带(增加裂解区及蒸汽区,图 5-1-1)。

每个区带的位置及特点如下:

(1) 已燃区:指火线已经扫过的区域,该区域分布有大量的空气及未燃烧掉的固体有机颗粒,其中的黏土矿物已发生改变。当冷空气或注入水穿过该区域时,温度升高。

(2) 燃烧区:温度最高的区域,非常薄,通常几英寸(1 in=2.54 cm)厚,为氧气与燃料反应的区域(生成 CO_2,H_2O),该区域常被误称为焦炭区。实际上,该区域流体主要为氢碳原子比在 0.6～2.0 之间的混合烃类,并沉积在岩石颗粒的表面。燃烧区的最高温度(一般温度范围 400～650 ℃)取决于单位体积储层中原油的燃烧量,即有多少原油作为燃料被燃烧掉。单位体积储层中原油的燃烧量也是一个关键参数,它与空气注入量密切相关。

（3）焦炭区：温度低于燃烧区（一般温度范围280～350 ℃），在此区域原油经过低温氧化和物理蒸发后留下来的重组分进一步发生氧化和裂解反应，生成了氢碳原子比更低的物质——焦炭，该物质在高温环境下呈黏稠的液膜状，覆盖着岩石颗粒的表面。当环境温度达到高温氧化（或高温燃烧）的温度时，即发生高温燃烧反应。

（4）裂解区：裂解区位于焦炭区的前端，为原油发生氧化裂解的区域。空气穿过燃烧区前缘时转变为烟道气，高温烟道气加热前端原油，其中的残余氧气可以与原油发生氧化裂解反应，并将轻组分驱赶至前端更低温度的区域，同时轻组分自身冷凝、液化，以稀释原油。另外，焦炭区有时也可能继续发生裂解反应产生轻组分，加入裂解区产生的轻组分中。

（5）蒸汽区：蒸汽区的温度取决于气相中蒸汽的分压，该区域的原油通常发生温和/轻度的裂解，从而有助于黏度的降低。不少研究者认为，蒸汽区的宽度或体积往往很小，很难被监测到，但湿法燃烧不一样。湿法燃烧时，蒸汽穿过低温区的原油，将大量热量传递给低温区的原油，同时自身转变为冷凝水。高温轻烃组分在此发生冷凝，且向储层流动方向继续发生冷凝作用，与高温蒸汽的变化趋势一样。

（6）轻组分区：该区域聚集了大量的原油蒸发产生的轻组分和裂解产生的大部分轻组分。

（7）原始地层：指储层未波及区，与储层相比，该区域除了气相组分略微增多外，其余几乎没有改变。

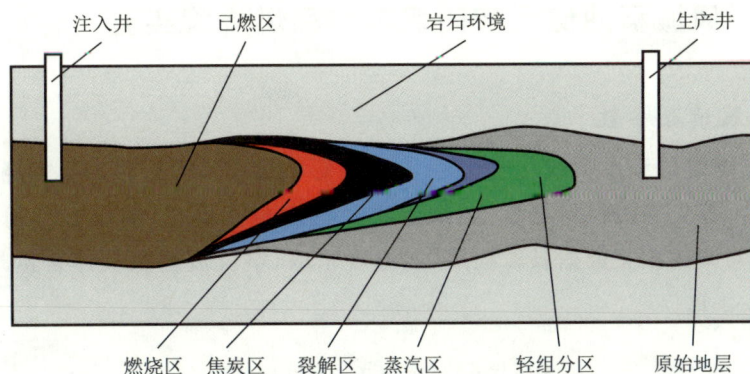

图 5-1-1　就地燃烧过程中不同位置区域的特点

燃烧管实验有助于理解面积井网火驱机理，可为矿场试验方案设计和实施过程中的跟踪监测与动态管理提供参考依据。然而，由于以上区带的划分并没有给出具体的尺度范围，因此，如何进一步指导油藏尺度下的火驱开放方案设计，还需要结合其他研究手段。

另外，燃烧管实验对于分析研究稠油与空气在油层中的化学反应动力学特征及其与火线传播稳定性和驱油效果的关系有着极其重要的意义。

5.2 燃烧管实验设备、操作步骤及结果

5.2.1 实验设备

实验设备主要包括:燃烧管实验装置,由流量控制系统、温度监测系统、数据录取系统、密封监测系统等组成;台秤(量程30 kg);塑料容器;出口放空及缓冲容器;液量采集器。

燃烧管(图5-2-1)长度为1.05 m,内径为7.0 cm,其侧面具有测温孔,热电偶通过测温孔插入管子中部,并通过信号线与集线器连接,集线器通过USB接口连接到计算机中,这样温度信号可以实时传递到计算机。

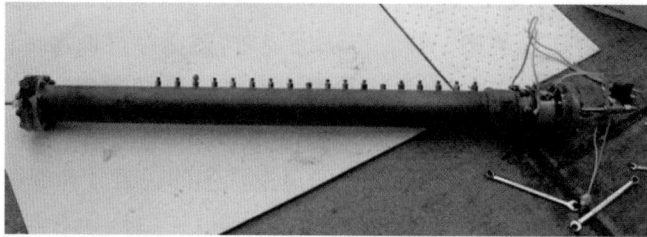

图 5-2-1 燃烧管实物图

5.2.2 风城稠油储层密闭取芯样品燃烧管实验

1) 样品装填及参数

为了研究燃烧过程中火线传播的稳定性及影响因素,开展了2组燃烧管实验。在正式实验之前,首先完成材料准备、燃烧管法兰盘密封性检查、油层岩芯粉碎等基础性工作,然后开始调试相关数据录取程序(如温度录取、空气流速及气体含量录取等)。具体参数见表5-2-1。

表 5-2-1 填砂管及相关装填参数

取样位置	长度/m	内径/cm	油砂质量/g	含油量/g	气体总注入量/m³	总产油量/g	总产水量/g	总采收率/%	高温区域采收率/%
9#柱	1.05	7.0	7 793	1 300.3	1 386	425.4	257.2	32.7	46.7
2#柱	1.05	7.0	7 836	1 380.7	1 250	462.5	266.8	33.5	49.3

燃烧管实验操作步骤如下:

(1) 油砂称量(图5-2-2):称取一定质量的密闭取芯岩芯柱(9#柱和2#柱),充分捣

碎(图 5-2-3)后备用。

(2)检查填砂管的密封性,待不漏后重新拆开系统。注意:填砂管底端的法兰不要拆开。

(3)样品装填(图 5-2-4):把经充分捣碎的油砂样品装入燃烧管中并充分压实。

(4)热电偶安装及线路连接(图 5-2-5):安装热电偶并连接各个测温点线路。

(5)密封性检查:待各种线路连接完成后,检查整个装置的密封性。

(6)打开氮气瓶,进行氮气的预冲洗,并测定填砂管的渗透率,氮气的注入速度为 4 L/min,同时完成氧气低含量标定。

(7)用短流程完成氧气高含量标定。

(8)打开加热部件,在注入端加热,待加热端中心位置的温度上升至 400 ℃时,关掉氮气,转注空气,开始点火燃烧。

图 5-2-2　样品选取及称量

图 5-2-3　样品粉碎

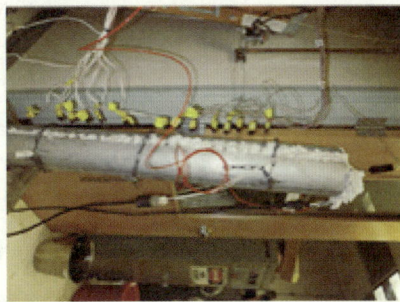

图 5-2-4　样品装填　　　　　图 5-2-5　热电偶安装及线路连接

图 5-2-6 所示为填砂管装填好油砂后测得的气测渗透率结果,可以看出,气体的克氏渗透率约为 4 μm²(即曲线与纵轴的交点)。另外,根据燃烧管的体积及填充的油砂量,结合砂子的粒径分布特征,可估算得到克氏渗透率为 4~5.7 μm²,由此可知 2 种方法得到的结果比较接近。

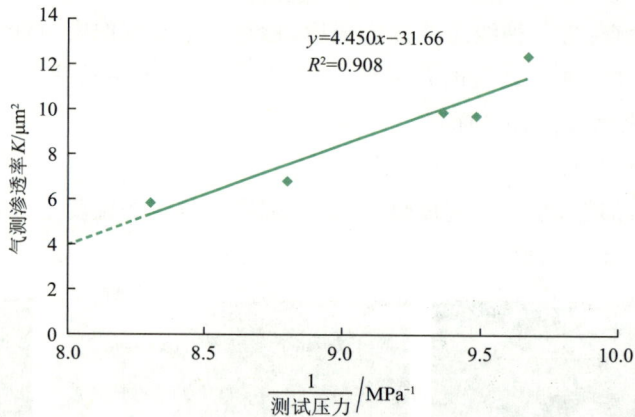

图 5-2-6　油砂混合后填砂管的气测渗透率

2)燃烧管实验结果

(1)第 1 组燃烧管实验结果。

从温度变化曲线(图 5-2-7)可以看出:① 当火焰传播到第 11 个热电偶(CH11)处时燃烧停止(用 N₂ 灭火);② 各条曲线中温度峰值波动幅度不大,在 480~555 ℃之间;③ 各条温度变化曲线峰值出现的时间是不同的,这与油砂填充的不均匀及多相渗流的特点有关。

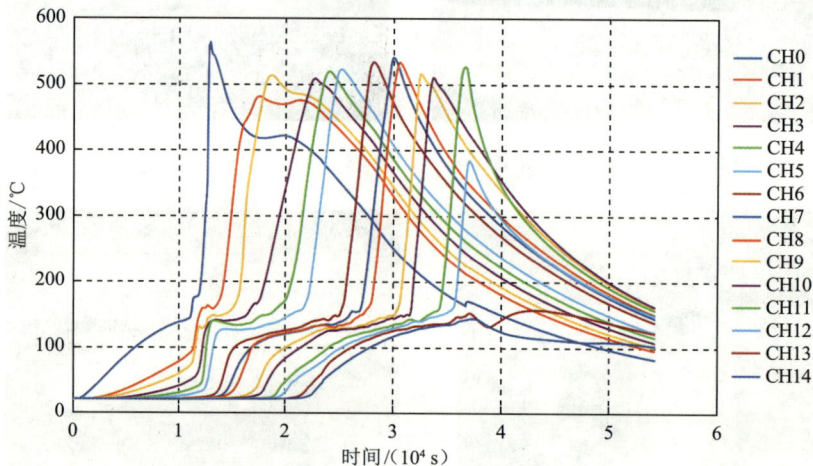

图 5-2-7　燃烧过程中各测温点温度的变化(第 1 组)

从产出气体含量变化曲线(图 5-2-8)可以看出：① 燃烧过程中产生了大量的 CO_2，其含量最高达到 23.5%，表明这种填充方式下(渗透率很高，通风强度往往较大，燃烧较为充分)大量原油被燃烧，可以估算出有 20%～25% 的原油被燃烧掉；② 燃烧过程中一直有甲烷气体产生，在低温区其含量最高达到 23%，表明原油发生了较大程度的裂解反应。

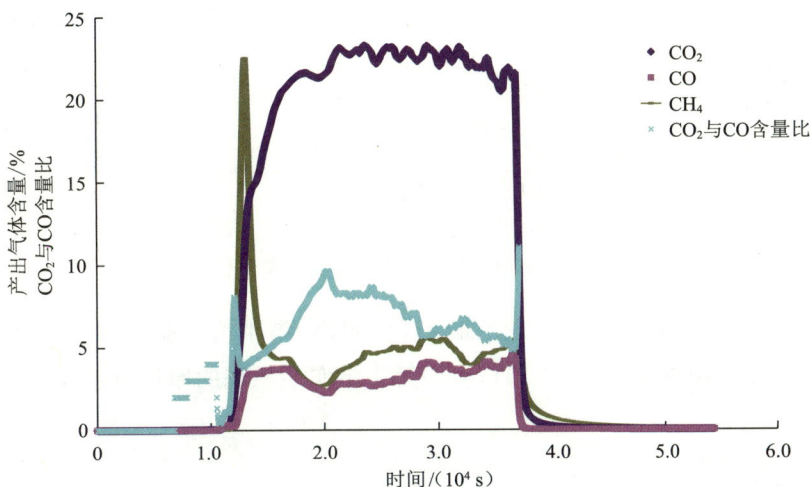

图 5-2-8　燃烧过程中产出气体含量的变化(第 1 组)

(2) 第 2 组燃烧管实验结果。

第 2 组燃烧管实验的点火温度与第 1 组有所差异。第 1 组实验中是用电加热器直接把注入端加热到 400 ℃，由于采用电加热，当温度达到 400 ℃ 时，电加热器本身的温度已经非常高，因此，最终注入端内部加热温度至少达到了 440 ℃，从实际的温度变化曲线(图 5-2-7)中可以看出，第 1 个测温点的温度最高达到了 550 ℃。而第 2 组实验中，电加热器在加热到 160 ℃ 时，由于连接电线接触到加热头而被烧毁，从而停止了加热，但温度仍然上升。从 2 组燃烧管实验温度变化曲线的对比中可以看出，第 1 组实验的第 1 条温度变化曲线中温度上升速度明显大于第 2 组实验的第 1 条温度变化曲线(图 5-2-9)。

另外，通过对比这 2 组实验的温度变化曲线可知，过高的加热温度没有必要，其原因是：从温度变化曲线中可以看出，第 1 组实验的第 1 条温度变化曲线的最高温度远高于其他 13 条温度变化曲线，且其他温度变化曲线的最高温度基本相同，表明火线能够稳定传播；而第 2 组实验的温度变化曲线中，由于油层没有被加热到 400 ℃，因此，温度的升高主要是由于化学反应而引起的，从而导致每条曲线的最高温度基本相同，表明火线也能够稳定传播。

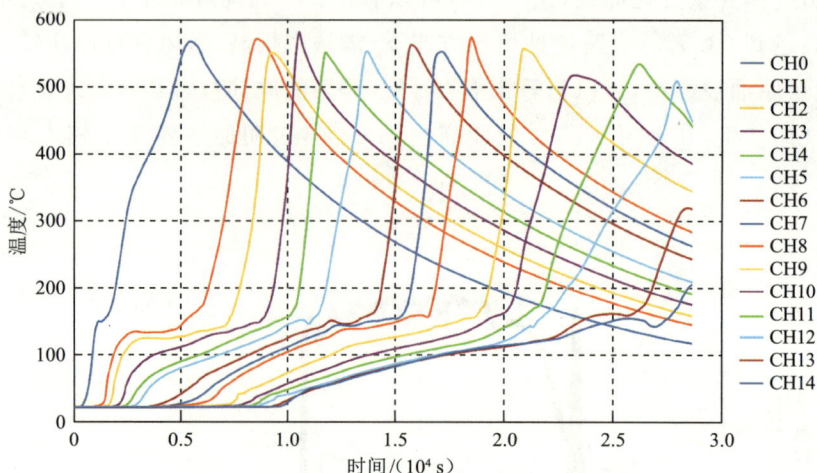

图 5-2-9　燃烧过程中各测温点温度的变化(第 2 组)

从 2 组实验的产出气体含量变化曲线可以看出,第 1 组实验曲线中 CO_2 及 CH_4 的含量明显高于第 2 组实验(图 5-2-10),表明第 1 组实验燃烧的原油量明显高于第 2 组实验。

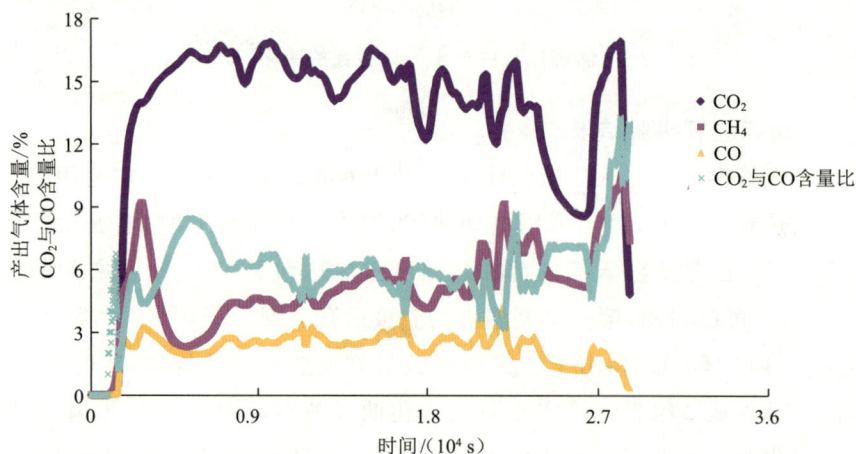

图 5-2-10　燃烧过程中产出气体含量的变化(第 2 组)

从不同时间段内的采出原油的黏度变化曲线(图 5-2-11)可以看出,初始开采阶段得到的原油黏度最大,随着火线向前推进,其黏度呈下降趋势,当火线推进至出口端附近时,稠油改质幅度最大,其黏度降至最低值。

2 组实验的火线推进速度分别为 0.144 m/h 和 0.128 m/h,远高于实际储层中的推进速度(3~7 cm/d)。这可能是由于燃烧管填充的渗透率较高,同时燃烧管呈 80°高倾角燃烧,重力驱动的叠加效应导致火线推进速度加快。

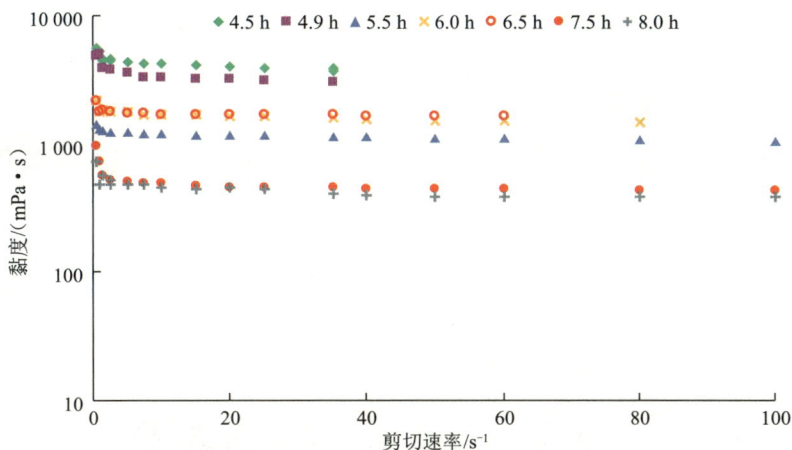

图 5-2-11　不同时间段内的采出原油样品黏度的变化

5.2.3　Hamaca 原油样品燃烧管实验

委内瑞拉 Hamaca 原油的黏度与风城稠油的黏度基本相同,为了对比国内外 2 种稠油的燃烧稳定性,采集其油样进行燃烧管实验。与我国风城稠油储层密闭取芯样品燃烧管实验不同,对于委内瑞拉 Hamaca 原油样品,先将其和河砂充分搅拌混合,并掺入一定量的黏土和水,混拌均匀后装入填砂管中,并进行充分压实,其余实验步骤相同。

图 5-2-12 为燃烧管实验的温度分布曲线,可以看出,火线上最高温度达到了 700 ℃。从温度变化曲线的峰值变化可以看出,在整个实验阶段,即经过近 10 h,火线向前推进了 1 m,即推进速度为 0.1 m/h。该推进速度是在重力和驱替压差的双重作用下取得的,且填砂管的渗透率为 2～3 μm^2。

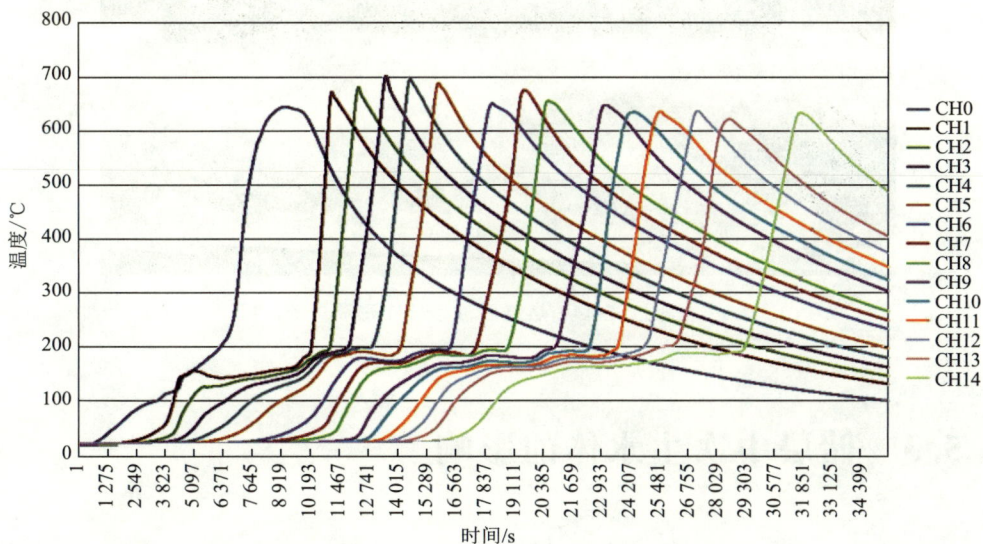

图 5-2-12　第 1 组燃烧管实验的温度分布曲线

图 5-2-13 为第 1 组燃烧管实验的产出气体含量分布曲线,可以看出,产出气体含量的波动幅度较大。其中 CO_2 的含量最高,在 $10\%\sim16\%$ 之间波动,主要集中在 $11\%\sim14\%$ 之间;其次为 O_2 含量,O_2 含量的波动范围更大,在 $0\%\sim8\%$ 之间,主要集中在 $2\%\sim5\%$ 之间;CO 的含量最低,主要集中在 $1\%\sim2\%$ 之间。这表明原油在高温燃烧时伴随着明显的裂解反应过程。

图 5-2-14 为燃烧后油砂分布形貌。火线在约 0.8 m 处停止燃烧,在火线扫过的区域,其残余油饱和度几乎为零。

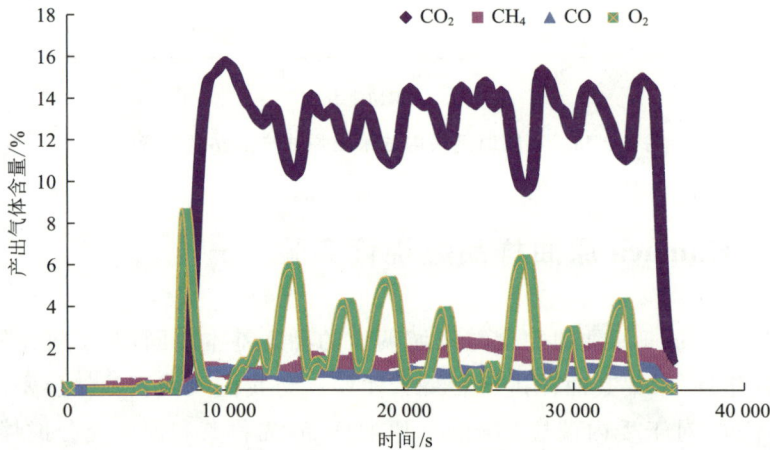

图 5-2-13 第 1 组燃烧管实验的产出气体含量分布曲线

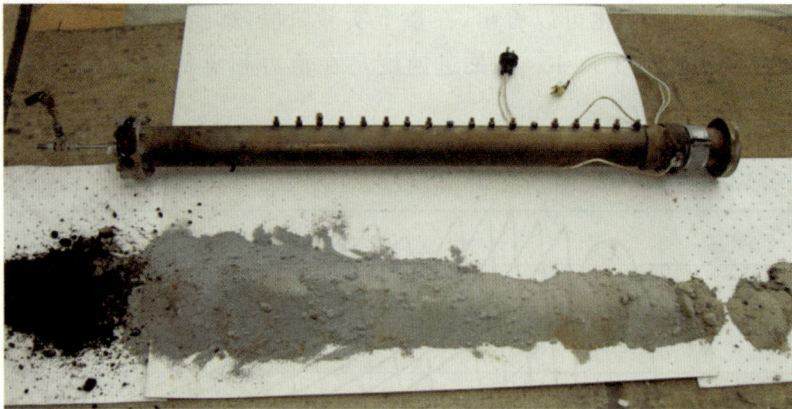

图 5-2-14 燃烧后油砂分布形貌

5.3 储层中次生水体的影响

目前的稠油油藏多采用蒸汽吞吐或蒸汽驱的开发方式,且大部分已进入高轮次阶段,地层中次生水体和气窜通道分布复杂。在转火驱开发前,需要根据原注蒸汽井网及当前的油水分布对转火驱的可行性进行研究。一般来说,蒸汽吞吐后蒸汽腔内的含油饱和度为 0.2～0.3,而火驱燃料消耗量通常为原始含油饱和度的 5%～10%,表明蒸汽吞吐后地层的剩余油仍可满足对火驱燃料的供应。

Moore 等使用加拿大阿尔伯塔的 Primrose 油藏岩芯进行了燃烧管实验,先采用热水驱和蒸汽驱再转火驱。实验结果表明,尽管初始火驱含油饱和度不高,但都形成了高温燃烧,燃烧前缘能稳定推进,注蒸汽后剩余油饱和度越高,转火驱的采收率越高,火驱可以在蒸汽驱后进一步提高采收率。付美龙等对辽河油田杜 84 块稠油储层的剩余油进行了族组分、全烃色谱分析,发现多轮次蒸汽吞吐后稠油的性质变差,表现为重组分(胶质、沥青质)增多,轻组分减少,但这部分胶质、沥青质恰恰可以作为后续转火驱开发的燃料。另外,蒸汽吞吐后油层中的次生水体降低了火线温度,水受热蒸发,伴随着空气形成湿式燃烧。但次生水体的规模过大将导致油藏含水过高,使产量过低,严重影响油田的经济效益。Paitakhti Oskouei 等通过三维物理模拟实验证明了在 SAGD(蒸汽辅助重力泄油)蒸汽腔内进行火驱的可行性,他们将火驱前 SAGD 腔体的边界定义为过渡区,在过渡区内发生低温氧化反应,使原油中沥青质含量增加,原油黏度增大,与焦炭沉积共同形成了一个稳定、低渗透的屏障。岩样分析表明,已燃区的平均含油饱和度几乎为零,燃烧反应使得腔内水分蒸发。SAGD 转火驱后大量剩余油被动用,采收率提高了28.7%。

剩余油一般富集在蒸汽吞吐过程中蒸汽腔体的外缘,从井组角度来看,主要集中在井间低部位,因此,多将注空气井部署在注蒸汽井组之间。Belgrave 等采用数值模拟方法,对 3 组双水平井 SAGD 开发后期转火驱进行了研究。他们将中间上部的原注蒸汽井改为注空气井,两侧的 SAGD 井组下部原水平生产井作为火驱生产井,上部原水平注气井作为产气井。由图 5-3-1 可知,前期进行蒸汽吞吐后,剩余油(橙色)大量富集在井间且趋于油层下部,转火驱后剩余油不断地被驱替至生产井,且转驱后采收率提高了8%。

黄继红等通过燃烧釜(即大模型)实验发现当含水饱和度为 55% 时火驱仍然有效,裂解产生的焦炭能够维持燃烧状态。他们采用数值模拟方法将注气井设置在注蒸汽井网中心(图 5-3-2),发现存在次生水体时,生产阶段可分为排水阶段、见效阶段、产量上升阶段、稳产阶段和氧气突破阶段。次生水体不影响火线后续传播,且高温区范围大,平均温度低,具有一定干式注气、湿式燃烧的特征。

为了研究蒸汽吞吐后地层中的次生水体对转火驱效果的影响,关文龙等对长管火驱模型进行了非均质分段装填,共设计了 2 组实验:① 前 1/3 段的含水饱和度设为0.55 以拟合存水段,后 2/3 段的含水饱和度设为 0.2 以拟合原始油藏段;② 全模型含水饱和度设为 0.2 以拟合原始油藏;③ 其他实验条件一致。实验结果表明,高含水对燃烧效果影响不大,次生水体的存在降低了火线温度,扩大了燃烧前缘的波及范围。初期产液含水高,油墙形成一定规模时才达到产油高峰。此外,他们采用三维火驱模型模拟

（a）火驱初期含油饱和度分布

（b）火驱2.2年含油饱和度分布

（c）火驱3年含油饱和度分布

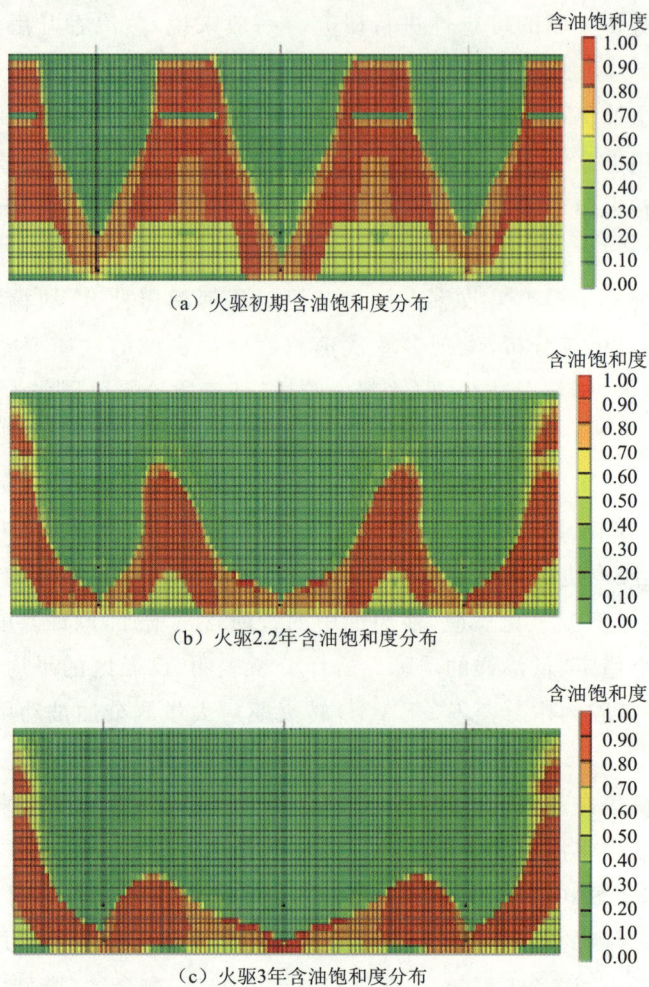

图 5-3-1　火驱不同时刻含油饱和度分布

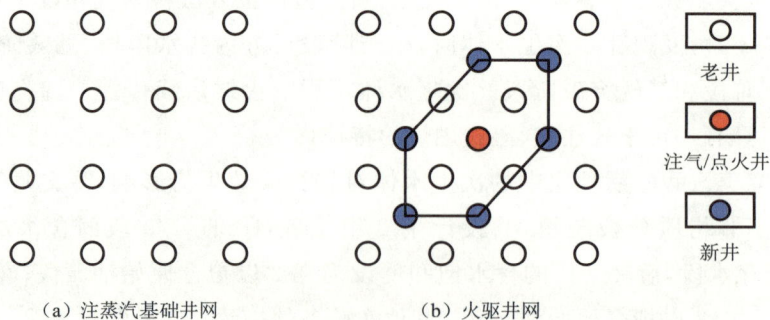

（a）注蒸汽基础井网　　　　　　（b）火驱井网

图 5-3-2　注蒸汽基础井网与火驱井网

含水油藏的火驱开发动态,发现当含水饱和度为 0.37 时,受超覆燃烧影响,火线以一定倾角向生产井推进,油层中上部燃烧效果更佳(图 5-3-3),而油层下部的最高温度仅为 300 ℃左右。

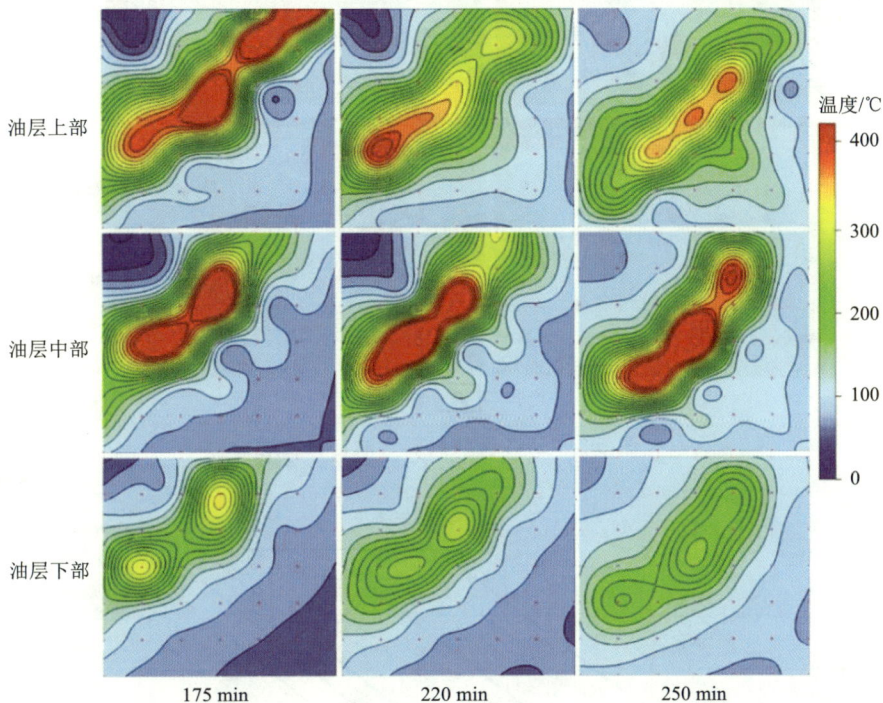

图 5-3-3　不同时刻火驱模型内部温度场

席长丰等采用数值模拟方法对新疆 H1 区块火驱试验进行了模拟研究。他们研究发现,当油墙运移到水体所在位置(水坑)时,会"先填坑、后成墙"。当水坑规模较小时,油墙的含油饱和度较低;当水坑规模较大时,油墙会先耗尽,在水坑后再重新成墙(图 5-3-4)。在火驱初期水体被烟道气驱替,只有小部分起到了湿式燃烧的作用。在结焦带和油墙之间存在高温凝结带。

王泰超等通过数值模拟方法将 SAGD 平台期末(蒸汽腔体发育至油藏顶部边缘)定义为转火驱时机,并将此时油藏温度、含油饱和度、压力场作为转火驱开发的初始属性场。他们将原 SAGD 水平生产井改为火驱生产井,并在两侧分别部署垂直注气井(图 5-3-5),为了降低空气超覆程度,注气井仅在油层中下部射开。根据生产动态将转火驱开发划分为 4 个阶段:① 气驱次生水体期,次生水体被注入空气和燃烧生成的烟道气不断驱替,产液含水逐渐增多;② 火驱见效期,产液含水达到峰值后,大部分次生水体被驱出,日产油量逐渐升高,含水率开始降低;③ 稳产期,产液含水及日产油量相对稳定;④ 产量递减期,产液含水增多,日产油量下降。结果表明,转火驱后采收率在 SAGD 的基础上提高了 20.9%。

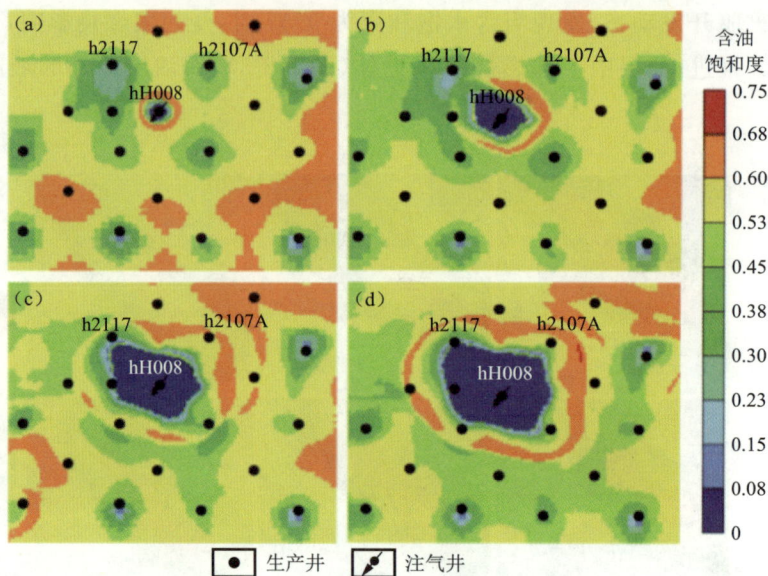

图 5-3-4　H1区块火驱含油饱和度场

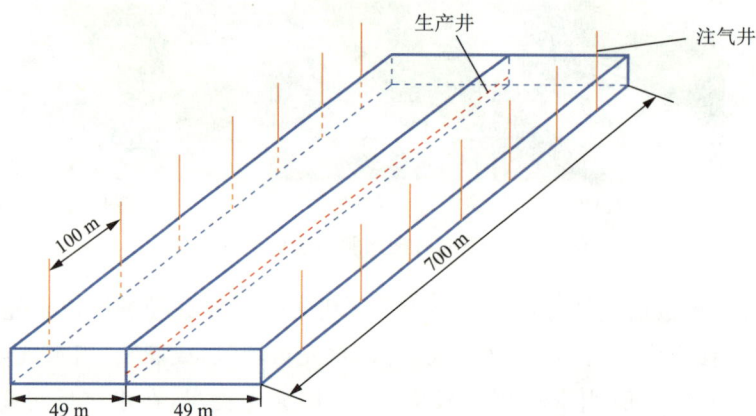

图 5-3-5　转火驱开发井位部署示意图

　　综上,蒸汽吞吐过程中多种因素影响着剩余油在平面和纵向上的分布。将火驱应用于这类油藏时,蒸汽开发后形成的气窜通道能够有效降低火驱过程中油墙运移的阻力,有助于后续提高空气通量以提高燃烧效果。次生水体的存在虽然降低了燃烧区的平均温度,但扩大了高温区的范围。蒸汽动用程度较高的区域内含油饱和度低,可能导致火驱过程中燃料不足。另外,蒸汽长期作用于岩石颗粒表面,加剧了储层的非均质性程度,可能导致火驱过程中注气不均。最重要的是,地下分布复杂的次生水体可能大幅度降低火线温度,导致熄火。因此,次生水体对火驱效果的影响尚不明确。

　　在进行转火驱前,一般将注气井设置在剩余油富集的蒸汽开发井组间以提高原油采收率。燃烧前缘一般以超覆状态由注气井向生产井传播,当传播到水体处时,其燃烧行为会发生改变。在实际稠油油藏中,多轮次蒸汽吞吐后次生水体的分布受地质条件

（如平面、纵向非均质性）影响。另外，注气井的射孔位置会影响油墙泄入水体的方向，注气井距水体的距离会影响原始火驱过程的持续时间以及油墙形成的规模。为此，本节讨论不同次生水体位置对火驱效果的影响。

5.3.1　研究方法原理

对燃烧管进行非均质装填，在纵向上考虑将水体分别装填至上部或下部，在横向上考虑将水体分别装填至前部（T3～T4）或后部（T4～T5）。为了更好地模拟地层内次生水体的真实情况，以及避免前期原始火驱过程中生产压差过大，将水体段的含油饱和度设置为 0.2，含水饱和度设置为 0.6，其余位置的含油饱和度设置为 0.6。据此共设计了 6 组燃烧管实验（表 5-3-1）。

在实验 E5，E6 及 E7 中，水体（长度 12 cm）分别位于测温点 T4～T5 的上、下及全部，研究水体距点火井相对较远时的火驱效果；在实验 E8，E9 中，水体（长度 12 cm）分别位于测温点 T3～T4 的上、下部，研究水体距点火井相对较近时的火驱效果；实验 E10 为无水体对比实验。另外，在测温点 T2～T6 均设置 2 根热电偶，分别监测火驱过程中同一截面处不同高度的温度变化，热电偶位置如图 5-3-6 所示。各实验其他实验条件均相同，注气速度为 3.0 L/min，点火温度为 600 ℃，背压为 1 MPa。

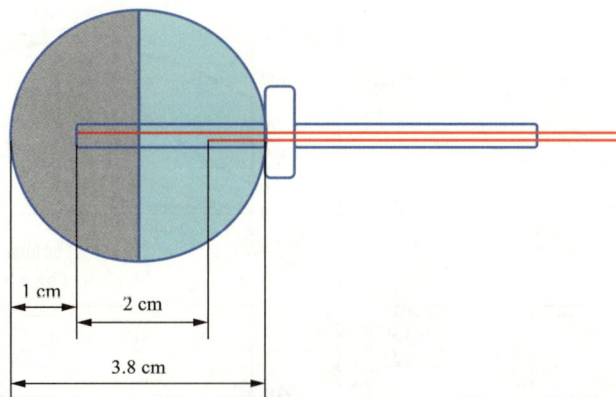

图 5-3-6　测温点处热电偶位置示意图

表 5-3-1　基本实验参数

实验编号	原始油藏段		次生水体段			装填量/g
	含油饱和度/%	含水饱和度/%	含油饱和度/%	含水饱和度/%	水体位置	
E5	60	0	20	60	T4～T5（上）	1 152
E6	60	0	20	60	T4～T5（下）	1 144
E7	60	0	20	60	T4～T5（全）	1 170
E8	60	0	20	60	T3～T4（上）	1 188

实验编号	原始油藏段		次生水体段			装填量/g
	含油饱和度/%	含水饱和度/%	含油饱和度/%	含水饱和度/%	水体位置	
E9	60	0	20	60	T3~T4(下)	1 160
E10	60	0	—	—	无	1 224

5.3.2 火驱实验结果

1)火线传播特征

6组实验中各测温点温度随时间的变化曲线如图 5-3-7 所示,均以转注空气的时刻为起点。其中各测温点处 2 根热电偶监测的峰值温度、峰值时刻均不同,可以据此来判断水体位置对火线温度和传播速度的影响。

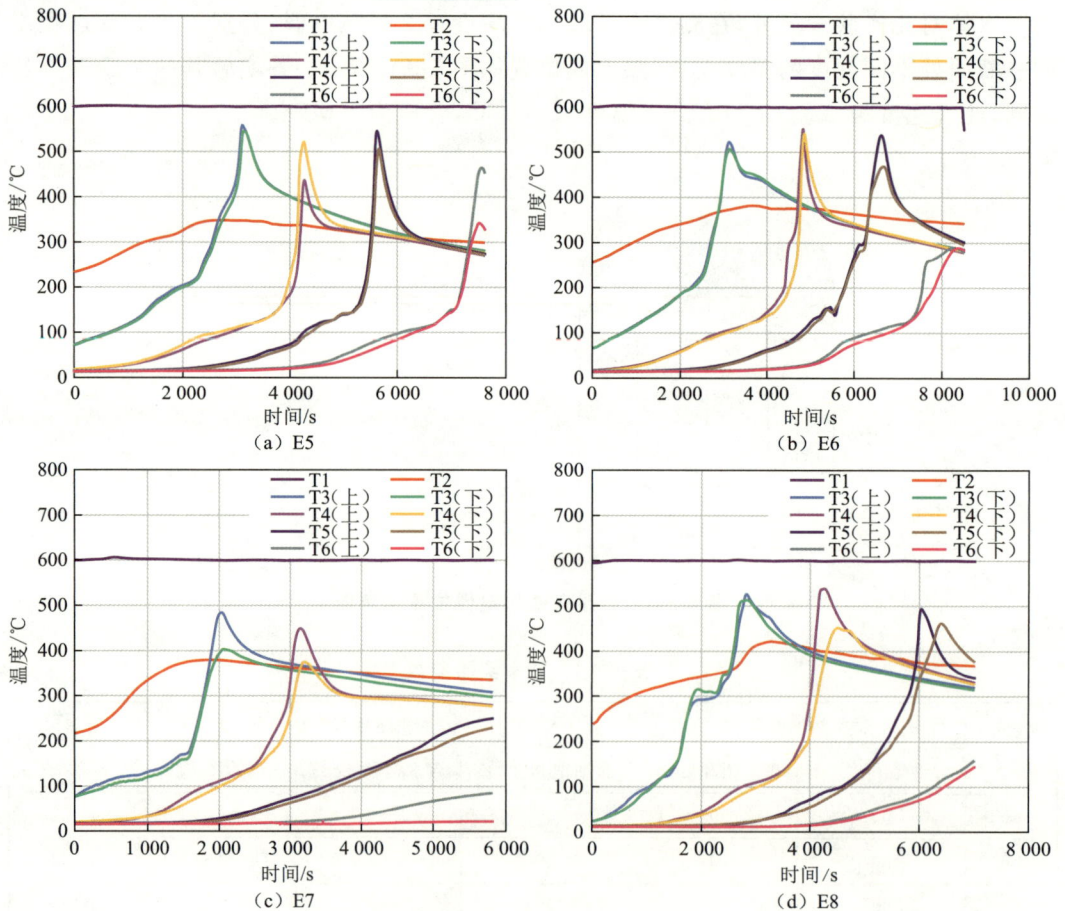

图 5-3-7 实验 E5~E10 温度变化曲线

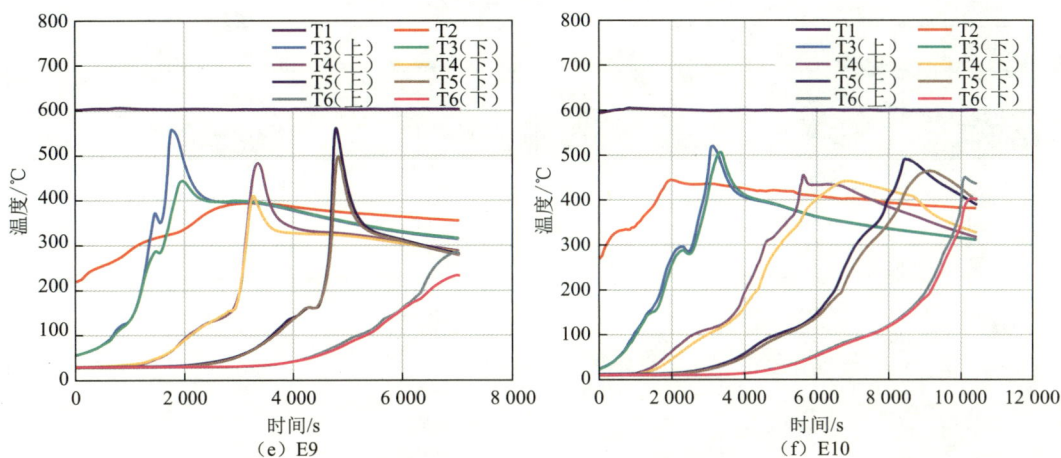

图 5-3-7(续)　实验 E5~E10 温度变化曲线

由图 5-3-7 可以看出,在实验 E5 和 E6 中,水体分别位于 T4～T5 的上、下部,整个实验过程中注气量始终为 3.0 L/min,在测温点 T3～T6 均监测到温度峰值。在实验 E7 中,水体占据了整个 T3～T4 区间,由于仅作为水体规模变大的对比实验,发生气窜时没有进行提高注气量操作,只在测温点 T3 及 T4 监测到温度峰值,实验结束最早(不到 6 000 s)。在实验 E8 和 E9 中,水体分别位于 T3～T4 的上、下部,在测温点 T3～T4 均监测到峰值。但当火线传播至测温点 T5 附近时气体含量变化表现为气窜特征,并观察到测温点的升温速率下降。当注气量提高至 4.0 L/min 后,气窜现象减弱,2 组实验中火线均在 T5～T6 之间熄灭。这说明水体距注气端较近时,易发生气窜,可以通过提高注气量来改善火驱效果。实验 E10 为无水体对比实验,在 3.0 L/min 的注气量下,火线成功传播过测温点 T6,且实验时间最长(10 000 s 以上)。

表 5-3-2 给出了实验 E5～E10 各测温点上下 2 根热电偶监测的峰值温度及 T3～T5 的峰值温度平均值。其中,除实验 E5 的测温点 T4 外,其余实验测温点上部热电偶的温度均比下部高,表明燃烧区温度呈现上高下低的特征。实验 E5 中水体置于 T4～T5 上部,这可能是由于上部含油量低,通过裂解反应生成的焦炭含量低,上部燃烧反应剧烈程度不如下部而造成的。从 T3～T5 的峰值温度平均值来看,只有水体距注入端较远的 2 组实验(E5,E6)超过了 500 ℃。与之对比的实验 E7 中由于水体规模的扩大,火线平均温度和传播距离都最小。实验 E8,E9 的火线平均温度接近 500 ℃,但均未传播至 T6。尽管对比实验 E10 的火线平均温度不高,但在燃烧管末端火线温度仍维持在 400 ℃ 以上。实际上,火驱过程中油墙的不规则动态变化(生产压差曲线)会影响燃烧区的氧气含量(尾气含量曲线),进而影响高温燃烧反应的剧烈程度以及火线温度,仅通过平均温度只能粗糙地反映水体对火线温度的影响。

表 5-3-2　峰值温度数据　　　　　　　　　　　　　　　单位:℃

实验编号	T3	T4	T5	T6	T3~T5平均
E5	558.2(上) 543.9(下)	436.4(上) 521.4(下)	545.2(上) 505.7(下)	464.3(上) 342.4(下)	518.5
E6	522.1(上) 506.6(下)	551.2(上) 540.8(下)	537.6(上) 468.7(下)	289.7(上) 288.9(下)	521.2
E7	484.3(上) 403.4(下)	449.2(上) 374.8(下)	— 	— 	427.9
E8	526.4(上) 513.3(下)	538.7(上) 452.0(下)	494.3(上) 462.3(下)	— 	497.8
E9	553.7(上) 436.8(下)	478.0(上) 403.2(下)	557.0(上) 493.3(下)	— 	487.0
E10	520.5(上) 506.5(下)	454.8(上) 441.3(下)	491.1(上) 463.7(下)	449.8(上) 402.1(下)	479.7

根据相邻测温点的温度峰值时刻不仅可以计算得到不同区间内火线的传播速度,还可以得到同一区间内火线传播速度在纵向上的差异(表 5-3-3)。一般来说,水体的存在可以提高火线的传播速度。但在实验 E5 和 E6 的水体区域(T4~T5)中,火线传播速度均表现为上高下低的特征。这可能是由于水体距注气端较远,火线达到水体位置前油墙已经形成最大规模,在泄入原水体所占据的孔隙后受重力影响,大量低黏度的原油聚集在下部,进而导致火线在上部传播得更快。当水体位于下部时,上部受热降黏的原油弥补了下部原油的空缺,使得火线在水体区域纵向上的传播速度差异不大,且平均速度在水体实验中最小(0.416 cm/min)。当水体占据整个 T4~T5 区域时(实验 E7),油墙几乎全部泄入水体区域,封堵效应很差,只有少量氧气在燃烧区参与反应,这一方面降低了高温燃烧反应的剧烈程度,使火线温度下降;另一方面使火线传播速度加快,在所有实验中最高(0.639 cm/min)。

表 5-3-3　火线传播速度数据　　　　　　　　　　　　单位:cm/min

实验编号	T3~T4	T4~T5	T5~T6	平　均
E5	0.624(上) 0.638(下)	0.531(上) 0.515(下)	0.372(上) 0.388(下)	0.511
E6	0.424(上) 0.417(下)	0.401(上) 0.398(下)	0.434(上) 0.419(下)	0.416
E7	0.647(上) 0.630(下)	— 	— 	0.639

实验编号	T3～T4	T4～T5	T5～T6	平　均
E8	0.500(上) 0.428(下)	0.402(上) 0.380(下)	—	0.428
E9	0.452(上) 0.555(下)	0.499(上) 0.459(下)	—	0.491
E10	0.285(上) 0.204(下)	0.256(上) 0.320(下)	0.431(上) 0.596(下)	0.349

在实验 E8 和 E9 中,由于水体距注气端较近,且油墙规模在该区域内逐渐扩大,所以水体位置对火线在水体区域纵向上的传播速度影响较大,表现为水体位置处传播速度更快。在无水体对比实验 E10 中,油墙在运移到采出端之前不经历泄油过程,油墙规模最大,因此,火线传播速度最小,为 0.349 cm/min。

2）产出气体含量分析

为了对比分析次生水体位置对燃烧效果的影响,以 T3～T6 位置为节点,绘制了高温氧化反应的主要产物碳氧化物(CO_x)含量随时间的变化曲线,如图 5-3-8 所示。受水体位置和空气超覆燃烧的影响,各测温点处上下 2 根热电偶的温度峰值时刻略有不同,因此,这里选取两者的平均值作为火线到达某一测温点的时刻。

当水体距注气端较远时(实验 E5～E7),图 5-3-8(a)～(c)中绿色曲线代表火线到达 T4 位置前的 CO_x 含量,蓝色曲线代表火线在水体区域(T4～T5)的 CO_x 含量,红色曲线代表火线离开水体后的 CO_x 含量。当水体位于上部或下部时,火线在到达水体前 CO_x 含量在 15% 上下浮动,当油墙泄入原水体所在孔隙后,伴随着原油裂解生成的焦炭含量下降,燃烧区高温氧化反应程度下降,CO_x 含量也呈下降趋势。其中,火线到达水体前,实验 E5 中 CO_x 的含量就已经迅速下降,而实验 E6 中 CO_x 的含量在水体中仍维持了一小段时间后才迅速下降。这可能是由于水体在下部时,火线前方的油墙和水体上部的原油共同弥补了下部水体的孔隙空间,延长了剧烈燃烧反应的时间;而水体在上部时,会更容易提前发生气窜,并且使燃烧效果不稳定。当油墙重新形成后燃烧效果又会恢复,CO_x 含量可以达到 13% 左右。实验后期由于油墙大量泄入生产井,燃烧效果不可避免地变差。在实验 E7 中,由于水体规模增大,在 2 000 s 左右(火线刚到达 T3 位置)CO_x 含量就呈现单调递减趋势,该水体条件下不利于火线稳定传播。

当水体距注气端较近时(实验 E8 和 E9),图 5-3-8(d)和(e)中绿色曲线代表火线到达 T3 位置前的 CO_x 含量,蓝色曲线代表火线在水体区域(T3～T4)的 CO_x 含量,红色曲线代表火线离开水体后的 CO_x 含量。火线在到达水体前 CO_x 含量迅速上升至 17% 左右,到达水体后实验 E8 中 CO_x 的含量迅速下降,而实验 E9 中 CO_x 的含量在小幅度下降后维持 14% 左右,在近 3 000 s 时才继续下降,这进一步证明了水体在下部时燃烧效果更好。

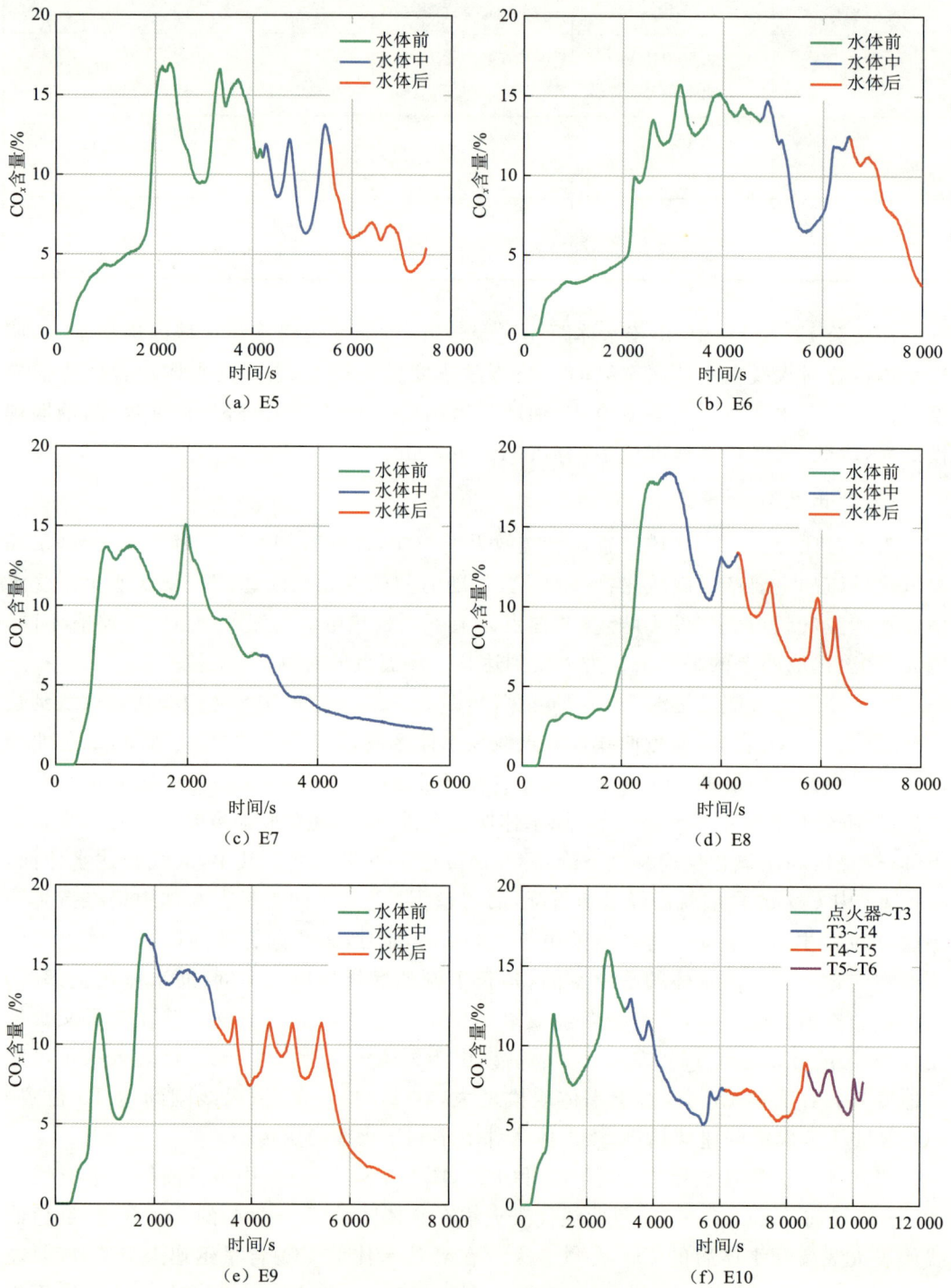

图 5-3-8　实验 E5~E10 中 CO_x 含量随时间的变化曲线

对比实验 E10 做了 2 次，所得 CO_x 含量曲线基本一致，火线到达 T3 位置前 CO_x 含量迅速下降并在后期维持在 7% 左右。从 CO_x 含量的变化趋势和稳定性来看，其燃烧效果甚至不如含水实验。这可能是由于前期油墙形成速度较快，达到一定规模后注入气的阻力增大，短期内流量降低无法满足高温氧化反应所需的氧气含量。

同样，以测温点 T3~T6 位置为节点，分阶段计算出 CO_x 平均含量、氧气利用率和氢碳原子比，结果见表 5-3-4~表 5-3-6。

表 5-3-4　实验 E5~E10 CO_x 平均含量计算结果　　　　单位：%

实验编号	燃烧管不同区间内 CO_x 平均含量		
	T3~T4	T4~T5	T5~T6
E5	14.045	9.613	6.346
E6	14.032	10.113	7.498
E7	9.291	—	—
E8	14.052	8.974	—
E9	14.400	9.604	—
E10	8.118	6.630	7.184

表 5-3-5　实验 E5~E10 氧气利用率计算结果　　　　单位：%

实验编号	燃烧管不同区间内氧气利用率		
	T3~T4	T4~T5	T5~T6
E5	88.88	67.86	51.05
E6	90.12	70.47	58.09
E7	65.97	—	—
E8	86.17	59.73	—
E9	92.85	67.44	—
E10	55.30	44.95	47.69

表 5-3-6　实验 E5~E10 氢碳原子比计算结果

实验编号	燃烧管不同区间内氢碳原子比		
	T3~T4	T4~T5	T5~T6
E5	1.848	2.418	3.147
E6	1.861	2.345	2.915
E7	2.361	—	—
E8	1.663	2.357	—

实验编号	燃烧管不同区间内氢碳原子比		
	T3~T4	T4~T5	T5~T6
E9	1.919	2.041	—
E10	2.094	2.078	2.011

在实验 E5 和 E6 中,火线到达水体(T3~T4)前的燃烧效果最好,CO_x 平均含量大于 14%,氧气利用率大于 85%,氢碳原子比小于 2。火线在水体区域及离开水体后,燃烧效果变差,但水体在下部时燃烧效果要好于水体在上部。在实验 E7 中,由于水体规模的增大,相比于前 2 组实验,燃烧效果大大变差。在实验 E8 和 E9 中,火线在水体区域(T3~T4)的燃烧效果最好,计算得到的参数与实验 E5 和 E6 前期基本一致;离开水体后燃烧效果变差,但水体在下部时 CO_x 平均含量和氧气利用率均高于水体在上部。而在对比实验 E10 中,火线在 3 个等长区域内的燃烧效果变化不大。

综上,尽管火线可以传播到燃烧管末端,但燃烧效果较差。当管内局部含水时,会出现燃烧效果变好的现象。其中,水体距注气端较远时有利于火线稳定传播,水体规模的增大会使燃烧效果变差,水体位于下部时燃烧效果更好。

3)产液动态分析

图 5-3-9 为不同水体位置条件下燃烧管实验的生产压差、瞬时流量以及累产液量变化曲线,所有曲线以转注空气的时刻为零点。同样,在转注空气后的前期,需要快速阶梯式地提高注气量以适应逐渐扩大的燃烧面。油墙的形成导致燃烧管两端生产压差增大,同时瞬时流量在不同水体位置条件下呈现不同程度的波动,当燃烧管两端的生产压差达到峰值附近时瞬时流量波动最大,此时油墙区的含油饱和度也达到最大值。在陆续采出次生水体和改质油后,气体的流动阻力减小,燃烧管两端的生产压差也开始减小,瞬时流量变化曲线趋于稳定,累产液量逐渐增大。

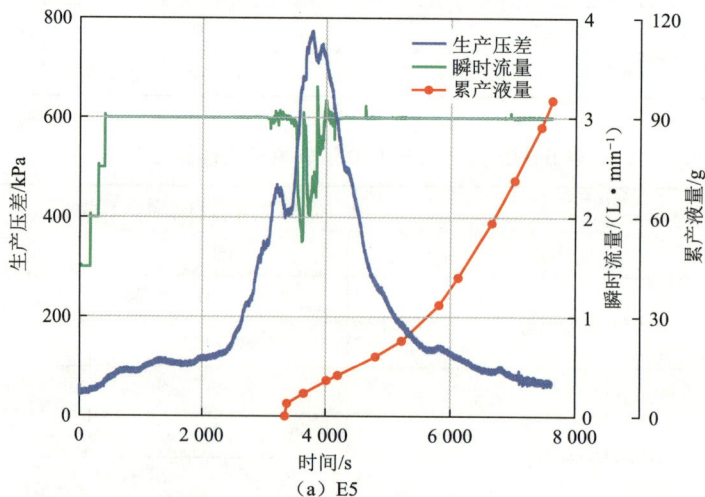

(a) E5

图 5-3-9 实验 E5~E10 生产压差、瞬时流量、累产液量变化曲线

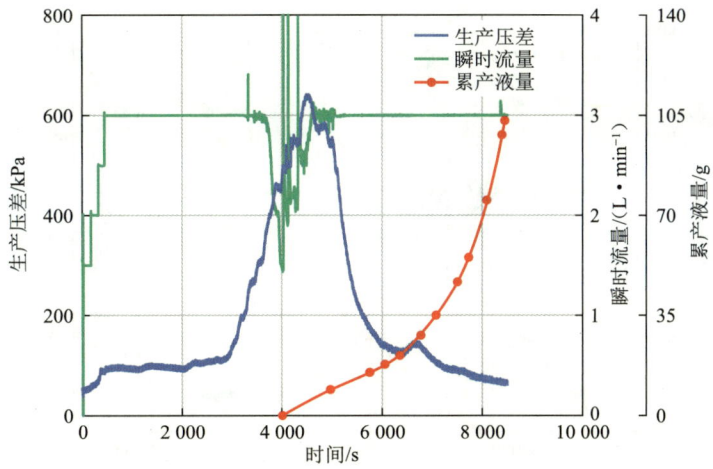

（b）E6

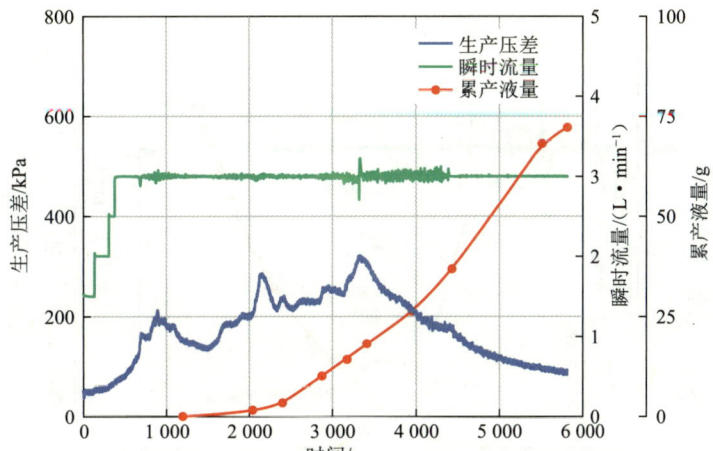

（c）E7

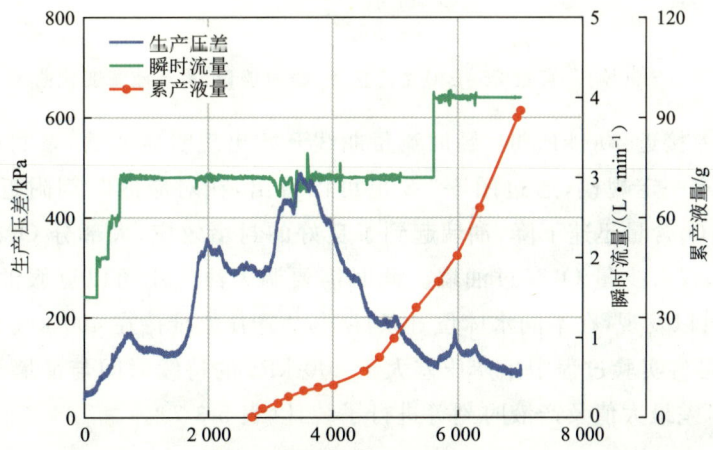

（d）E8

图 5-3-9(续)　实验 E5~E10 生产压差、瞬时流量、累产液量变化曲线

（e）E9

（f）E10

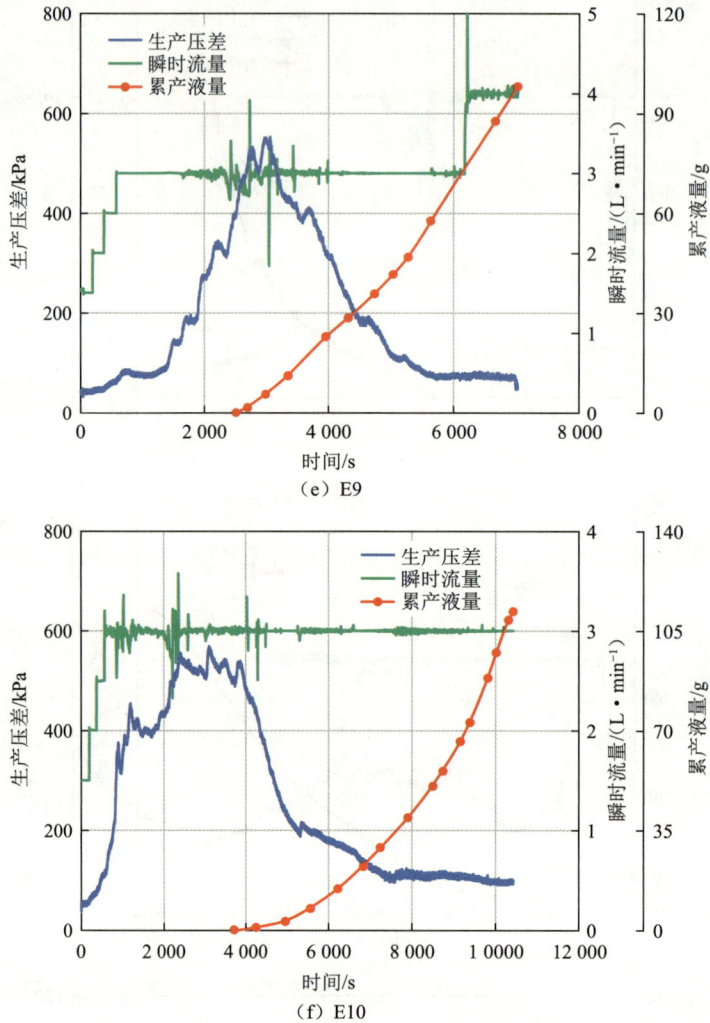

图 5-3-9(续)　实验 E5~E10 生产压差、瞬时流量、累产液量变化曲线

　　当生产压差接近 400 kPa 时,瞬时流量曲线开始出现明显波动,表明在该实验条件下油墙已经具有一定规模,通过图 5-3-8 也可以看出,在对应的时刻附近,各实验中的 CO_x 含量剧增,O_2 含量迅速下降,油墙起到了良好的封堵效应,大部分 O_2 在燃烧区参与高温氧化反应,仅有少量 O_2 穿过油墙。此时需要调大注气压力以克服油墙运移阻力。通过图 5-3-9 可以发现,在不同水体位置条件下,生产压差维持在 400 kPa 以上的时间有所不同,因此,可将实验过程中生产压差大于 400 kPa 的持续时间与油墙规模联系在一起,并对生产压差最大值及产液时刻等进行了统计(表 5-3-7)。

表 5-3-7　实验 E5~E10 生产压差及产液相关参数表

参　数	实验编号					
	E5	E6	E7	E8	E9	E10
生产压差最大值/kPa	774.40	641.64	317.39	488.29	552.37	569.16
大于 400 kPa 的时间段/s	3 135~4 531	3 756~5 202	—	3 132~3 872	2 489~3 747	1 132~4 362
持续时间/s	1 397	1 447	—	741	1 259	3 231
产液时刻/s	3 360	4 020	1 200	2 700	2 520	3 720
火线位于 T3~T4 时间段/s	3 117~4 270	3 111~4 842	2 024~3 191	2 815~4 511	1 748~3 340	3 101~6 842

在无次生水体实验 E10 中,火线到达 T3 前生产压差为 400~600 kPa,表明在该原始含油饱和度(60%)、空气流量(3.0 L/min)以及压力环境(背压 1 MPa)条件下,油墙已经形成一定规模。对比实验 E5,E6,E8,E9 可以得出,当有水体存在,火线位于 T3~T4 时,生产压差才开始超过 400 kPa,生产压差维持在 400 kPa 以上的时间变短,油墙规模变小。这是由于火线遇到水体前,水体中的水已经受热汽化,大量孔隙空间被可流动油充填,延迟了油墙的形成并使其规模变小。从水体的前后位置来看,水体距注入端较远(T4~T5)时,即使一部分可流动油泄入水体所在的孔隙中,油墙仍具有一定规模;从水体的上下位置来看,水体位于下部时,上部的稠油受热降黏,与火线前方的可流动油共同弥补了水体所在的孔隙,使油墙的规模更大。

另外,结合产液动态图和温度变化曲线还可以观察到,当水体位于 T4~T5 时(实验 E5 和 E6),空气流量一直维持在 3.0 L/min,并且火线均能成功传播到 T6。而水体位于 T3~T4 时(实验 E8 和 E9),在产液的中后期出现了明显的气窜现象,表现为 CO 和 CO_2 含量降低而 O_2 含量升高,火线前方测温点升温速率缓慢,这时需要提高空气流量(提升至 4.0 L/min)。其中,水体位于上部的实验 E8 在 5 630 s(火线位于 T5 前)出现气窜特征,提高注气量后,测温点 T5 的升温速率开始增大并达到温度峰值,火线传播过 T5,但未传播至 T6;水体位于下部的实验 E9 在 6 179 s(火线位于 T6 前)出现气窜特征,提高注气量后,测温点 T6 的升温速率开始增大,但未达到温度峰值。从水体的前后位置来看,水体距注入端较远(T4~T5)时,由于油墙的规模更大,即使一部分可流动油泄入水体所在的孔隙中,仍具有一定的封堵效应,使火线能够传播得更远。

表 5-3-8 给出了各实验中装填的油量、水量,产液前期的产水量、产油量以及原油采收率。实验 E10 基本不产水,这可能是在烟道气的驱替下,蒸汽冷凝后与改质油形成了油包水的乳状液,由于分离器仅能分离气液两相,产液后短期内乳状液性质较稳定,因此这部分水被粗略地计算在产油量和原油采收率中。从水体的前后位置来看,水体距

注入端较近(T3~T4)时,前期产水量更多,但原油采收率较低。从水体的上下位置来看,水体位于下部时,前期产水量更多且原油采收率较高。

表 5-3-8　各实验装填量、产液量及原油采收率数据

实验编号	装填油量/g	装填水量/g	产油量/g	产水量/g	原油采收率/%
E5	134.44	14.22	88.45	6.76	65.79
E6	133.10	14.73	94.00	8.98	70.62
E7	126.63	29.21	54.02	18.12	42.66
E8	139.12	13.97	82.35	9.56	59.19
E9	135.27	14.48	86.85	11.15	64.20
E10	153.00	0	111.65	0	72.97

针对油墙规模最大的 2 组含水实验 E5 和 E6,对其产油的黏度与实验 E7 进行对比,如图 5-3-10 所示。相比于实验 E7,水体在上部(E5)或下部(E6)时,原油的改质效果大大增强,且实验 E6 的改质效果略好于实验 E5。

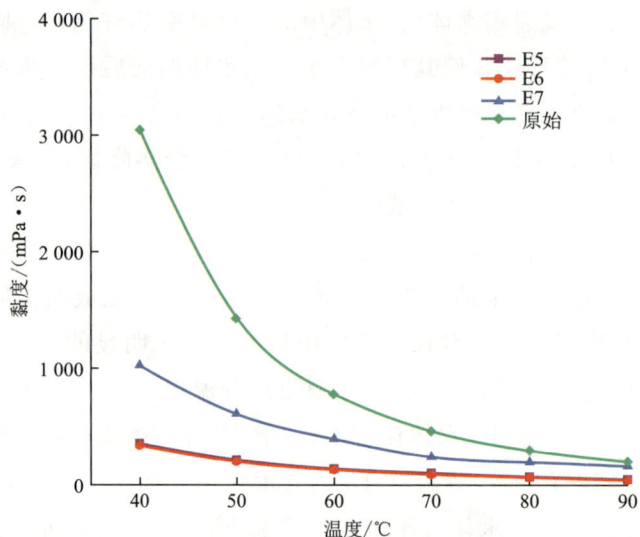

图 5-3-10　实验 E5,E6,E7 产油黏度对比

实验完毕,待燃烧管冷却后,将采出端法兰平面打开,通过上下位置油砂颜色差异(图 5-3-11)可以证实所有实验在末期均出现气窜现象。将燃烧管尾端疏松的油砂掏出,直至留下较坚硬的焦炭,用游标卡尺分别测量结焦带的上下部位距采出端法兰平面的距离(图 5-3-12),将其差值定义为超覆燃烧程度。各实验的超覆燃烧程度见表 5-3-9(实验 E7 由于火线传播距离过短,这里不再讨论)。

图 5-3-11　采出端气窜现象　　　　　　图 5-3-12　超覆燃烧程度测量

表 5-3-9　超覆燃烧程度

实验编号	E5	E6	E8	E9	E10
超覆燃烧程度/cm	2.4	1.7	7.1	3.6	5.4

从水体的前后位置来看,水体距注入端较远时(实验 E5 和 E6),超覆燃烧程度较小。从水体的上下位置来看,水体位于下部时(实验 E6 和 E9),超覆燃烧程度较小。由于实验 E8 和 E9 中的油墙规模在实验初期较小(最大驱替压差小),在实验后期由于气窜需要提高空气流量,使燃烧反应加剧,放出更多热量以重新形成油墙,但是高温氧化反应速度增加的同时空气超覆现象也加剧。当水体位于下部时,火线在下部传播速度更快,能够有效地平衡空气超覆现象。

将燃烧管内剩余油砂及壁面的结焦带分阶段全部掏出并平铺于纸上,如图 5-3-13所示。根据浅色油砂分布可知,实验 E7 由于次生水体规模过大,火线在传播过测温点T4 后熄灭,因此 T4～T5 之间的油砂颜色最深,还有大量残留的焦炭颗粒。实验 E5 和E6 的黄色石英砂及浅褐色油砂延伸得较实验 E8 和 E9 更远。实验 E10 由于没有装填水体,油墙规模最大,火线传播得最远。

5.3.3　数值模拟分析

在对实验数据拟合后利用数值模拟可将无法直接观察到的实验现象可视化。在此使用热采数值模拟软件 CMG-STARS 对火驱效果最好的实验 E6 进行数值模型建立、历史拟合及后续实验过程中现象的分析。

1)数值模型建立

数值模型采用直角坐标系($I \times J \times K$)。为了保证实验和模型中的总含油量一致,

图 5-3-13 实验 E5~E10 油砂分布(自上而下)

除总长度相同外,将 JK 端面设为正方形,使其面积与燃烧管的横截面积接近(11 cm² 左右)。共建立 120×3×4＝1 440 个网格,每个网格大小为 0.5 cm×1.1 cm×0.825 cm,注气井坐标为 $I=1,J=2$,生产井坐标为 $I=120,J=2$,所有层均射孔。其中,测温点 T4~T5 对应的区域为含水段,流体饱和度设置与实验 E6 相同。燃烧管初始含油饱和度 3D 场图如图 5-3-14 所示。

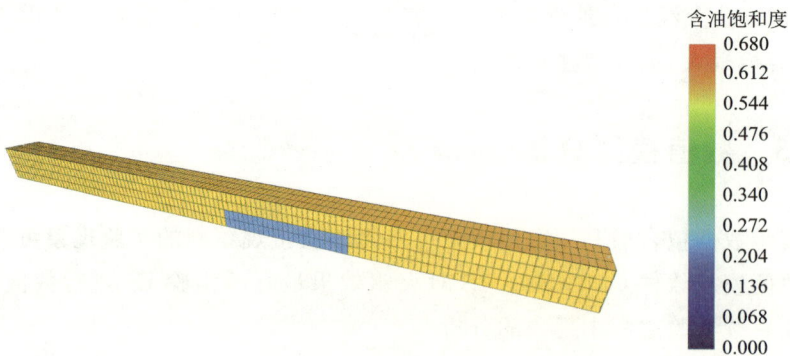

含油饱和度
0.680
0.612
0.544
0.476
0.408
0.340
0.272
0.204
0.136
0.068
0.000

图 5-3-14 燃烧管初始含油饱和度 3D 场图

该模型考虑了四相(油相、气相、水相和固相)、八组分(油、水、焦炭1、焦炭2、氮气、氧气、一氧化碳和二氧化碳),各组分物性参数见表5-3-10,并引入三步化学反应(反应动力学参数见表5-3-11),分别代表稠油裂解、低温氧化和高温氧化反应,方程式如下:

(1) 稠油裂解:

$$油＋O_2 \longrightarrow 焦炭1$$

(2) 低温氧化:

$$焦炭1＋O_2 \longrightarrow 焦炭2＋CO＋CO_2＋H_2O$$

(3) 高温氧化:

$$焦炭2＋O_2 \longrightarrow CO＋CO_2＋H_2O$$

表 5-3-10　各组分物性参数

参　数	组　分							
	油	水	焦炭1	焦炭2	氮　气	氧　气	一氧化碳	二氧化碳
摩尔质量/(g·mol^{-1})	652.0	18.0	673.0	179.8	28.0	32.0	28.0	44.0
临界压力/kPa	1 145.8	默认项	—	—	3 394.0	5 046.0	3 496.0	7 376.0
临界温度/℃	688.0	默认项	—	—	−147.0	−118.6	−140.3	31.1

表 5-3-11　三步反应动力学参数

反应方程	指前因子	活化能/(J·mol^{-1})	反应焓/(J·mol^{-1})
(1)	0.01	2.26×10^4	1.60×10^6
(2)	250	6.75×10^4	1.92×10^6
(3)	220	8.76×10^4	7.28×10^5

2) 历史拟合

结合燃烧管实验数据,对火驱效果最好的含水实验E6进行了拟合。

图5-3-15为燃烧管温度拟合图。由于物模实验中加热棒末端位于测温点T2附近,且测温点T6靠近燃烧管采出端,可能由于气窜问题导致燃烧不充分,实测温度过低,因此这里对测温点T3,T4和T5温度进行了拟合。其中实验曲线为各测温点上部热电偶的温度变化曲线,模拟曲线为数值模型中上部网格($I=36,60,84;J=2;K=2$)的温度变化曲线。各曲线的峰值及对应时刻代表了火线在该点的温度和到达时刻。由图5-3-15可以看出,实验和模拟曲线都呈现温度先升高后降低的趋势,3对曲线的峰值和对应时刻接近,进一步说明了实验和模拟的火线传播速度相近。

图5-3-16为燃烧管CO_x含量拟合图。数值模拟较为准确地拟合了前期CO_x含量上升趋势、峰值含量大小、遇水体时含量下降趋势及离开水体后含量缓慢回升趋势。另外,实验曲线的波动较大,这是因为装填油砂和次生水体时无法保证完全均匀的压实程度,而数值模拟中的定量设置可以消除所有实验条件引起的波动。

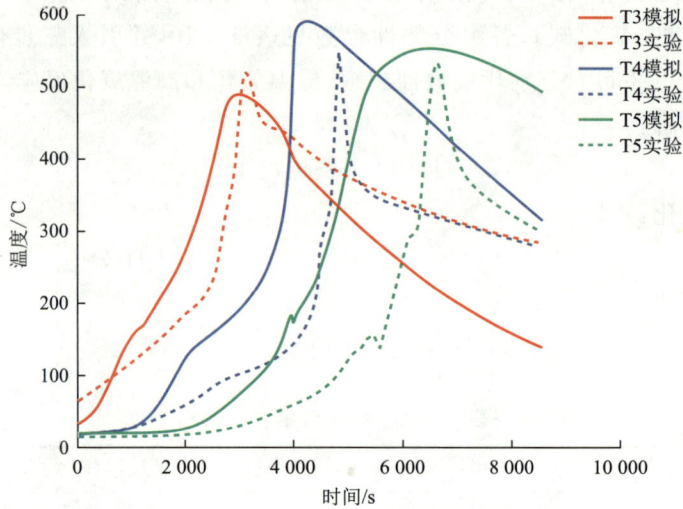

图 5-3-15　温度拟合图

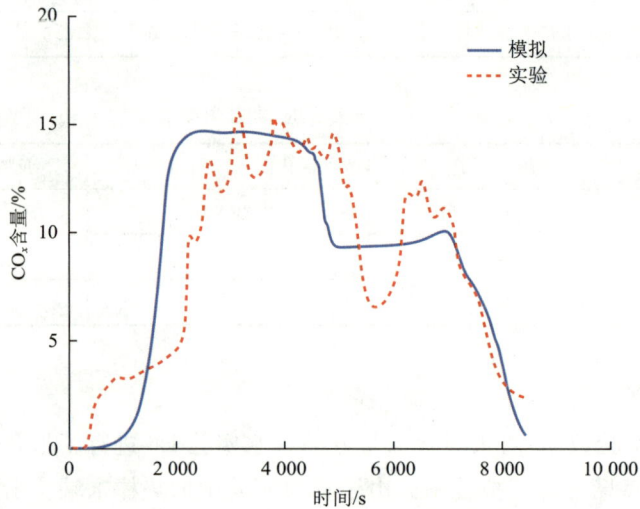

图 5-3-16　CO_x含量拟合图

图 5-3-17 为燃烧管累产液量拟合图。数值模拟较为准确地拟合了实验前期产水量（模拟：7.62 g；实验：8.98 g）、累产油量（模拟：105.06 cm³；实验：108.05 cm³）及累产液量上升趋势。根据经验可知，实验过程中火线过测温点 T3 后需要微开气液分离器开关，观察有无次生水体驱出后再瞬间关闭以防气体流出造成扰动，影响实验结果。而实验前期的开闭频率较低，实验数据点较少，导致前期产水阶段的拟合有一定误差。

综上，通过对比可以看出，数值模拟拟合结果与实际实验过程中温度、CO_x含量及累产液量的动态变化较为接近，由此证明模拟基本参数及化学反应参数的合理性。

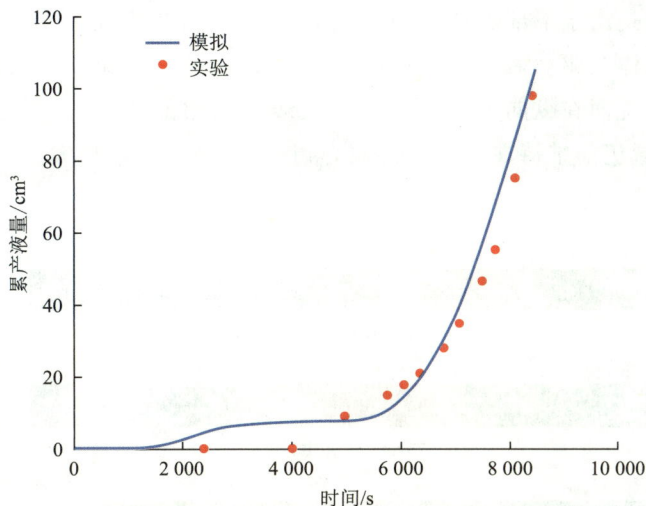

图 5-3-17　累产液量拟合图

3）现象分析

为了更好地揭示水体对火驱的影响，从 CMG-STARS 的结果模块中导出 IK 方向的焦炭含量、温度场和含油饱和度场在水体所处网格（$I:K=61:84$）前、中、后 3 个阶段的变化特征。

图 5-3-18 为不同阶段焦炭含量分布。在 65 min 时，焦炭还未到达水体，即物模实验中测温点 T4 前，此时焦炭区较窄，仅占据 2～3 个网格，由于空气的超覆燃烧特性，焦炭区呈上倾趋势。当焦炭位于水体所在网格处时，火线温度降低，一定程度上促进了低温氧化反应，使焦炭区扩大，但仍呈上倾趋势。当焦炭离开水体所在网格后，焦炭区继续扩大，且在纵向上分布较均匀，与实验 E6 的超覆燃烧程度（1.7 cm）最低形成对照。

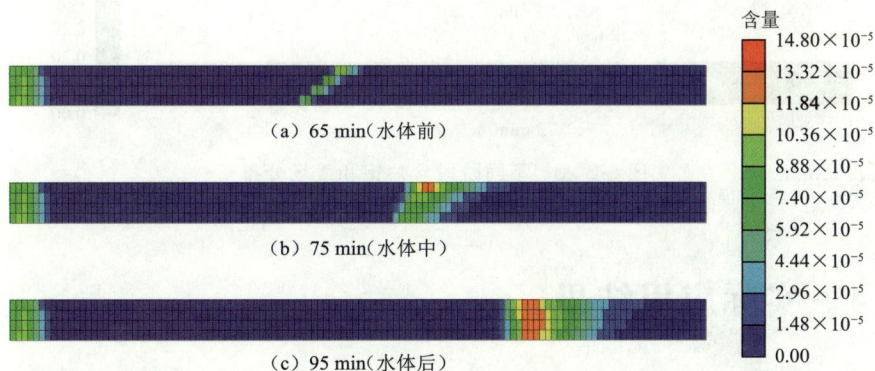

（a）65 min（水体前）

（b）75 min（水体中）

（c）95 min（水体后）

图 5-3-18　不同阶段焦炭含量分布

图 5-3-19 为不同阶段温度场分布。其中红色区域为最高温度。在 65 min 时，火线还未到达测温点 T4 所在网格（$I=61$），与焦炭含量分布一致，呈超覆燃烧状态推进，温度约为 630 ℃。当火线位于水体所在网格处时，红色高温区域缩小，温度约为 575 ℃，且超覆

燃烧程度减小,这是由于下部水体区域内初始含油饱和度低,产生的焦炭含量低,消耗速率快。另外,水体被驱替后留下的孔隙体积为底部积累的油墙提供了渗流阻力更低的通道,减小了燃烧面在纵向上的差异。当火线继续向前传播时,红色高温区域消失,但橙色次高温区域仍能维持在 520 ℃左右,且该区域范围逐渐扩大。

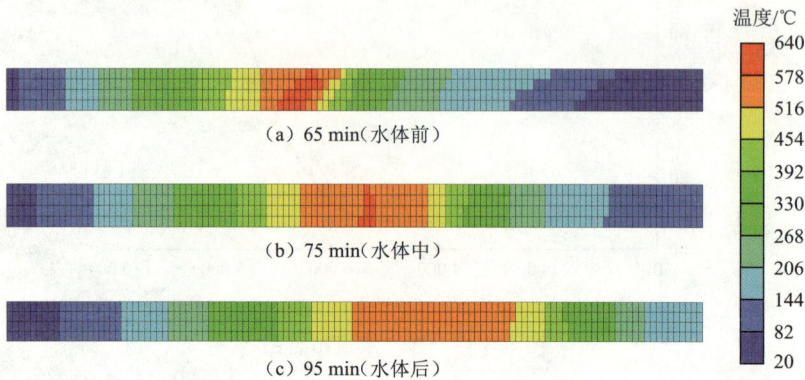

(a) 65 min(水体前)

(b) 75 min(水体中)

(c) 95 min(水体后)

图 5-3-19　不同阶段温度场分布

图 5-3-20 为不同阶段含油饱和度场分布。受重力影响,在泄入水体前,油墙高含油饱和度区(含油饱和度约为 0.93)位于底部。泄入水体后油墙内最大含油饱和度降低,为 0.86 左右,这是火线遇水体后燃烧效果变差的主要原因。

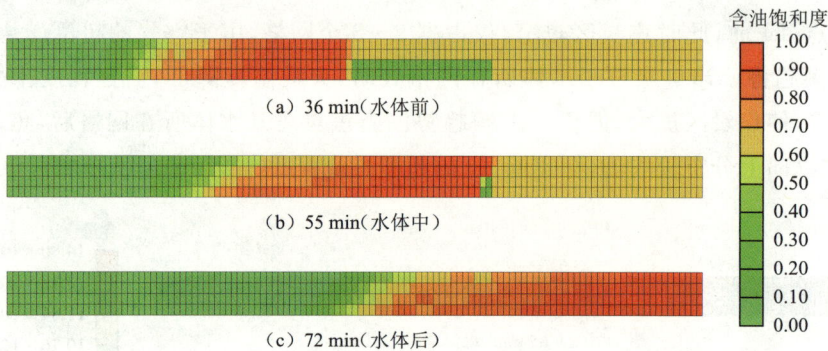

(a) 36 min(水体前)

(b) 55 min(水体中)

(c) 72 min(水体后)

图 5-3-20　不同阶段含油饱和度场分布

5.4　实际应用结果

将物料方程、动力学参数(指前因子、活化能)等代入 CMG-STARS 数值模拟软件中,用概念模型完成火驱数值模拟,并研究活化能、指前因子等对火驱动态的影响。

1) 物料方程可用于数值模拟跟踪研究

图 5-4-1～图 5-4-3 为模拟的注采井间温度、氧气含量及含油饱和度的变化,其中上

图为利用实验原油的物料方程及反应的动力学参数得到的结果,而下图为由 CMG-STARS 推荐的物料方程及反应动力学参数得到的模拟结果,可以发现,不同物料方程得到的拟合结果差异较大。

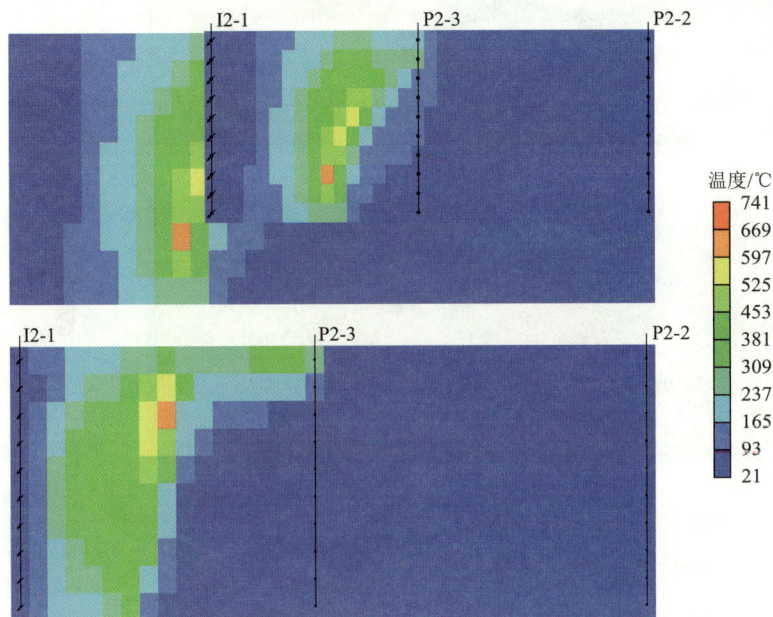

图 5-4-1　注采井间温度变化规律

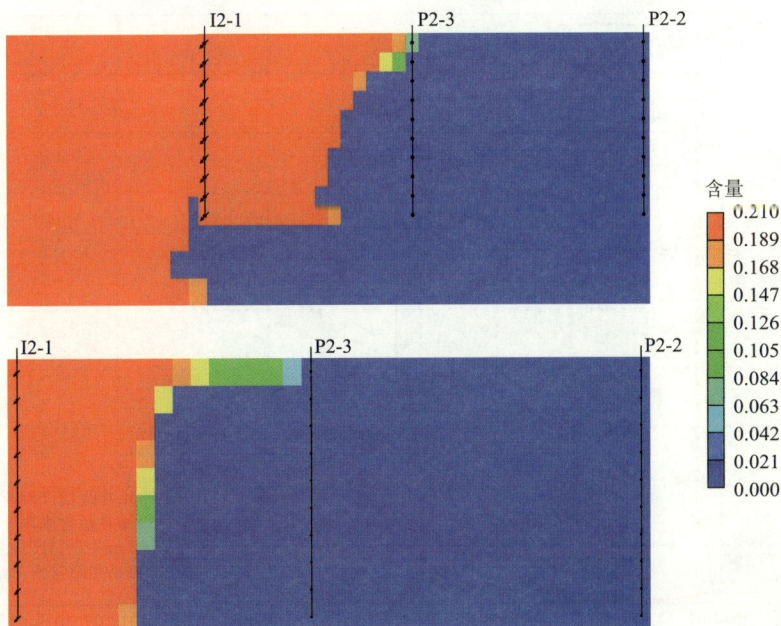

图 5-4-2　注采井间氧气含量变化规律

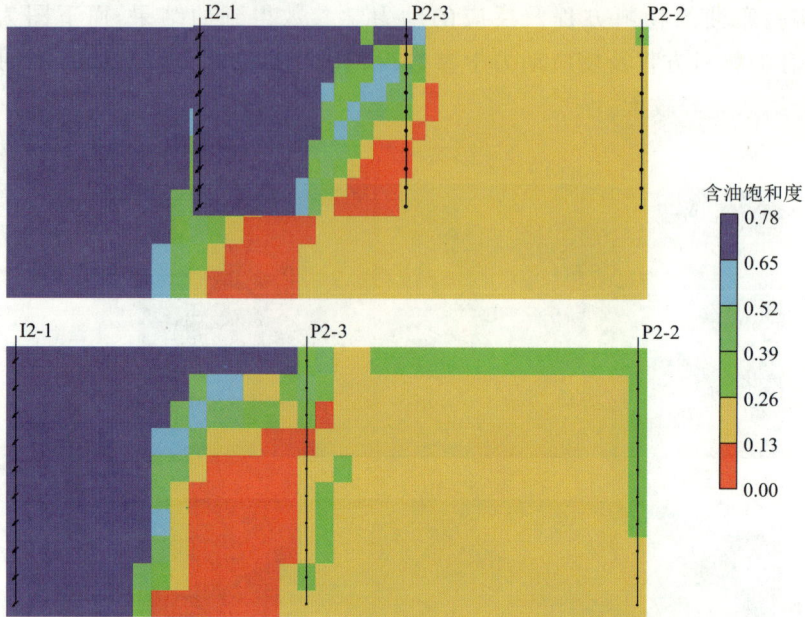

图 5-4-3 注采井间含油饱和度变化规律

2）物料方程对单井生产动态特征的影响

图 5-4-4 为不同物料方程得到的单井生产动态曲线，可以看出，不同物料方程对日产油量、含水率等单井生产动态特征有重要影响。

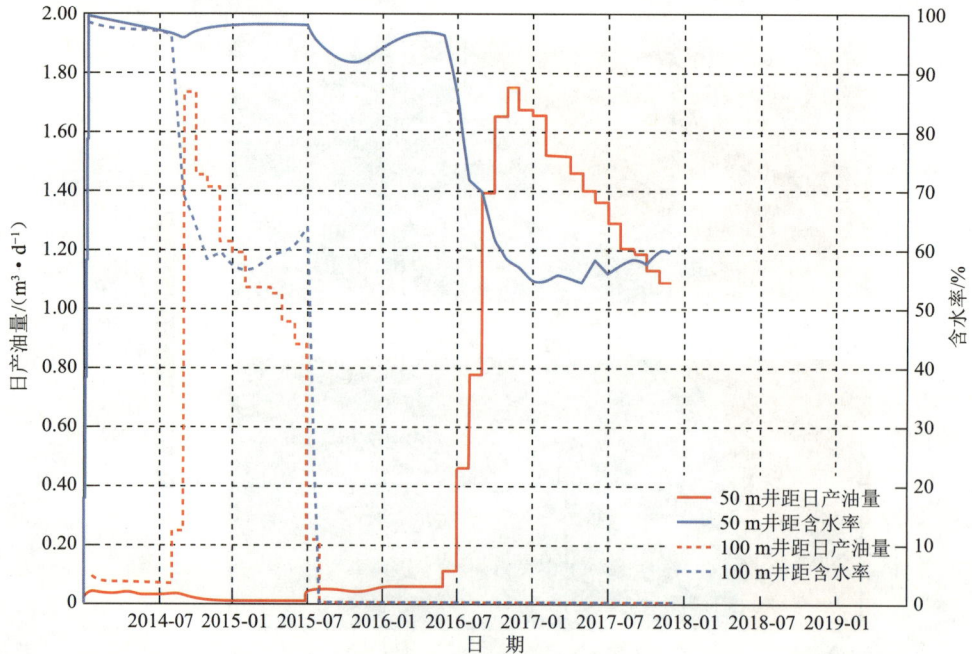

（a）实验原油物料方程所得结果

图 5-4-4 单井生产动态曲线

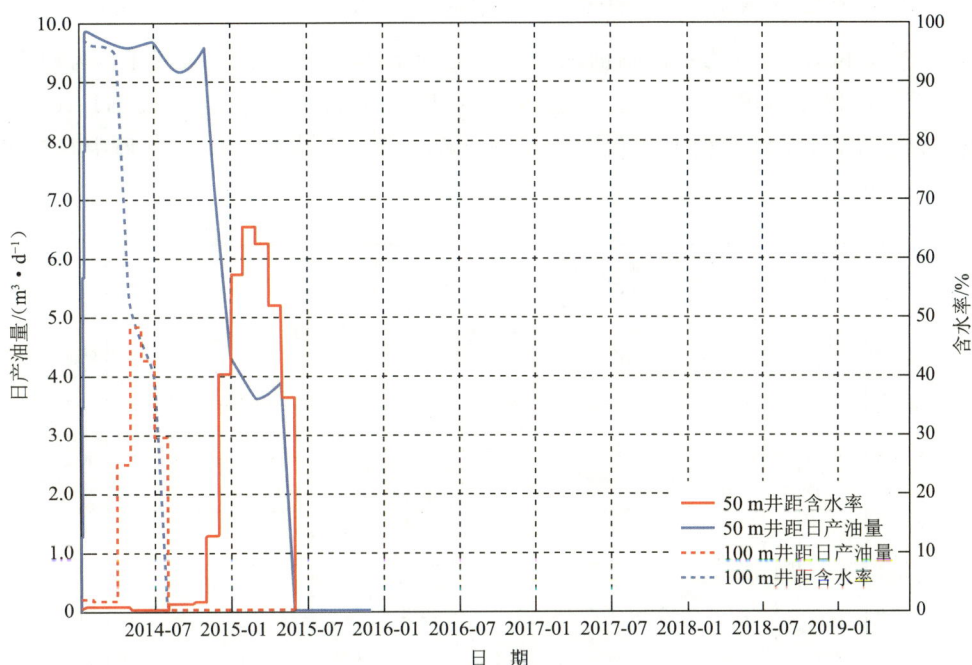

（b）CMG-STARS物料方程所得结果

图 5-4-4(续)　单井生产动态曲线

2 种物料方程模拟的效果及与实验原油火驱实际效果的对比见表 5-4-1、表 5-4-2。

表 5-4-1　2 种物料方程模拟的效果对比

参　数	实验原油物料方程	CMG-STARS 物料方程
见效时间	6 个月	1 个月
稳产期产油量/(m³·d⁻¹)	1.2	3.0
稳产期含水率/%	50~60	30~60
稳产时间	12 个月	4 个月
火线推进速度/(cm·d⁻¹)	13~18	100

表 5-4-2　2 种物料方程模拟的效果与实际结果对比

参　数	实验原油物料方程	CMG-STARS 物料方程	实验原油实际 70 m 井距
见效时间	29 个月	10 个月	8~25 个月
稳产期产油量/(m³·d⁻¹)	1.2	3.5	1.0
稳产期含水率/%	50~60	30~60	40~60
稳产时间	>18 个月	7 个月	10~30 个月
火线推进速度/(cm·d⁻¹)	4~9	20~25	3~10

3）物料方程中指前因子、活化能对单井日产油量的影响

图 5-4-5 和图 5-4-6 为不同指前因子及活化能下单井日产油量的变化。可以看出，指前因子及活化能对单井日产油量均有不同程度的影响。通过对 CMG-STARS 反应模块的分析发现，物料方程中不仅要考虑物质的平衡，还要考虑反应过程中热量的变化，因此，影响因素较多，需要做进一步细致的分析。

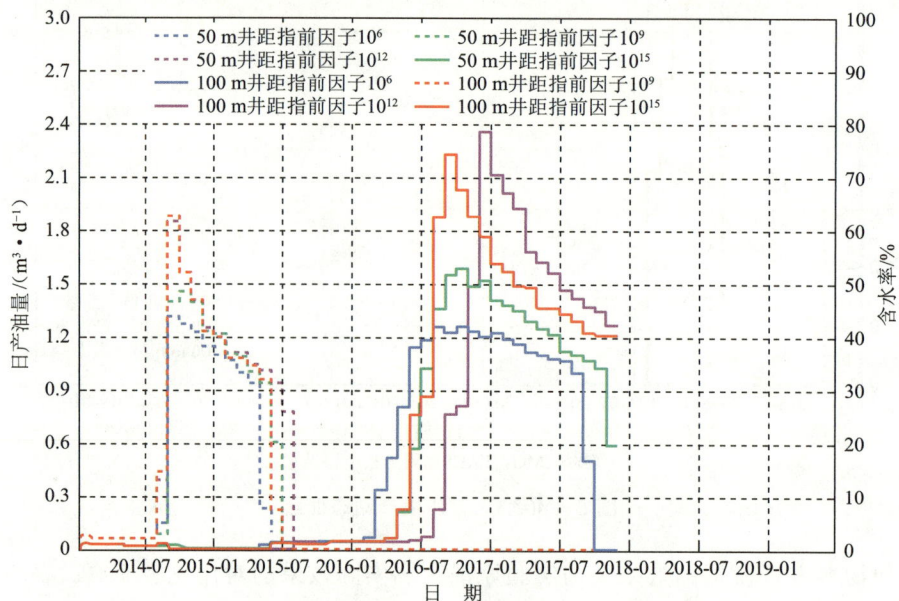

图 5-4-5 指前因子对单井日产油量的影响

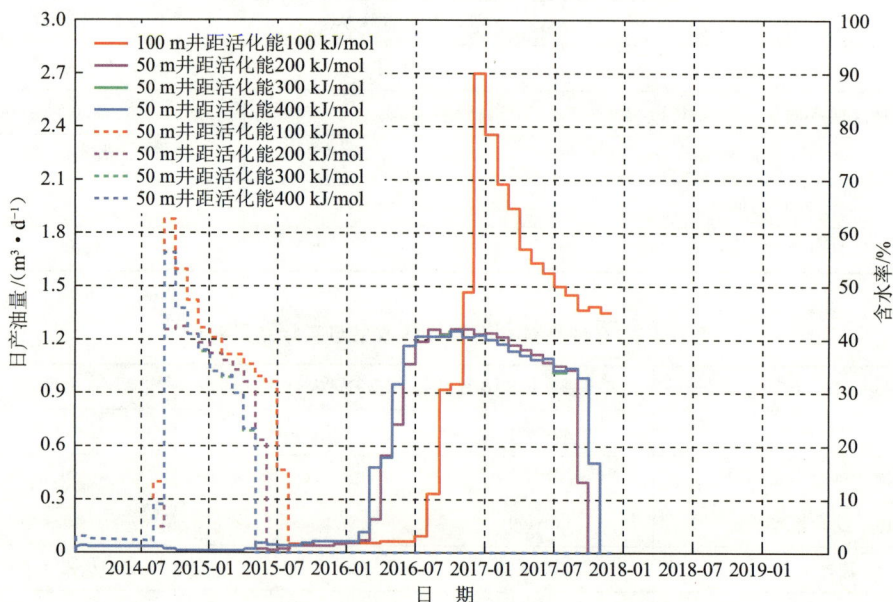

图 5-4-6 活化能对单井日产油量的影响

5.5　本章小结

本章通过燃烧管实验研究了火线传播的稳定性,主要结论如下:

（1）燃烧管实验结果表明,产出原油的黏度随开采的进行而逐渐降低,表明初始采出的原油是稀释(裂解产生的轻组分加入冷油区)降黏作用的结果,而后面采出的原油由于裂解(或改质)程度的增加,黏度越来越低。

（2）含次生水体油藏火驱时,火线前方的可流动油区(油墙)会泄入原水体所在的孔隙中,油墙规模缩小,使氧气在燃烧区无法充分消耗,进而影响燃烧效果。在次生水体规模相同的条件下,当其位于下部时,油墙的封堵效应较好,火线离开水体后有继续维持高温燃烧的趋势,并在一定程度上减弱了空气超覆燃烧的程度;当其靠近注气端时,油墙的规模较小,在其他实验条件相同的情况下,火线遇水体后有熄灭的趋势,加大注气量可以改善燃烧效果,提高火线温度。

（3）现有的认识表明,影响火驱稳定性的因素很多,其中关键因素包括(但不限于)原油黏度、渗透率(和非均质性)以及水体在储层中的分布等,对其系统而深入的研究是火驱未来的一个研究重点。

第6章
火驱其他参数的测定

稠油火驱机理极其复杂,描述其机理的参数众多。除了前面介绍的反应动力学参数外,还有影响流动的参数(如原油流变性)、岩石的热传导参数等。本章主要对这些参数的测定进行简单的介绍。

6.1 原油流变性研究

原油流变性是稠油开采的一个重要性能指标,是影响稠油开发方法的关键参数。本节利用 HAAKE RS600 流变仪(采用密闭测量转子)和普通布氏黏度计研究风城齐古组稠油的流变性。

6.1.1 燃烧前稠油的流变性

风城齐古组稠油样品在测量前经过脱水处理,并在转移到测量适配器前进行预热,加热至 60 ℃。当稠油样品转移完成后,用氮气加压,保证系统测试的压力稳定在 2 MPa。当温度稳定时,开始测量不同剪切条件下的黏度,结果如图 6-1-1 所示。

由图 6-1-1 可知,随着温度和剪切速率的增加,稠油黏度降低。另外,在升温过程中,体系压力几乎不变,表明稠油中的轻组分很少,在 130 ℃ 条件下体系中的易挥发组分含量较低。

图 6-1-2 为稠油重组分(500+ ℃)黏度随温度的变化曲线。由图 6-1-2 可以看出,随着温度的增加,黏度呈幂指数递减;对于最重的组分,当温度达到 240 ℃ 时,其黏度可以从 500 000 mPa·s 降至 180 mPa·s,也可以在温度升至 500 ℃ 时降至 1 mPa·s。

因此,根据风城齐古组稠油全组分在 200 ℃ 以下的流变曲线,结合重组分(500+ ℃)黏度随温度的变化,可以对原油在燃烧过程中的黏度进行预测,甚至可以估算出火驱过程中的相渗曲线。

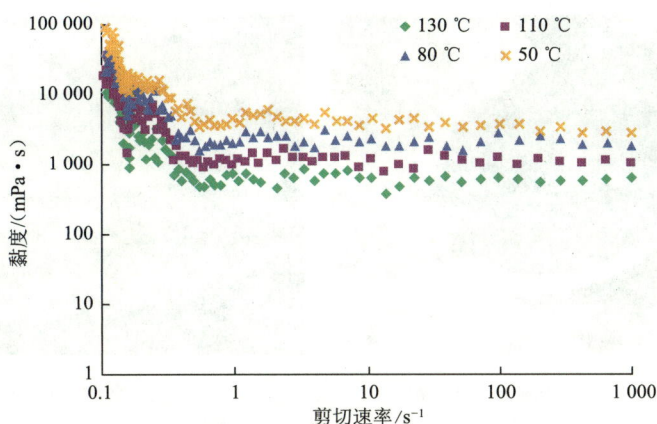

图 6-1-1 稠油脱水后不同温度下的流变曲线

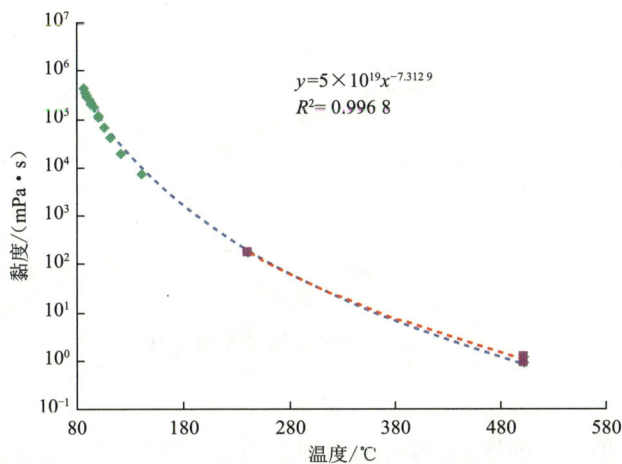

图 6-1-2 稠油重组分黏度随温度的变化

6.1.2 燃烧前后稠油的流变性对比

利用布氏黏度计研究风城齐古组稠油的黏度随温度的变化,并与燃烧后产出原油的黏度进行对比。图 6-1-3 所示为火驱产出原油的形貌,图 6-1-4 所示为火驱产出原油中分离的水。可以看出,刚产出的原油中含有大量气体,流动性非常好。通过气体分析可知,初始反应阶段产生了大量甲烷气体,随后产生了大量 CO_2 气体。因此,产出原油中大量的气泡主要为 CO_2 气体所致。静置一夜后,气体充分逸出,并用离心法去除其中的水,然后测定其黏度,结果如图 6-1-5 所示。可以看出,原油经过火驱后,其黏度降低了 1~2 个数量级。

图 6-1-3　火驱产出原油的形貌

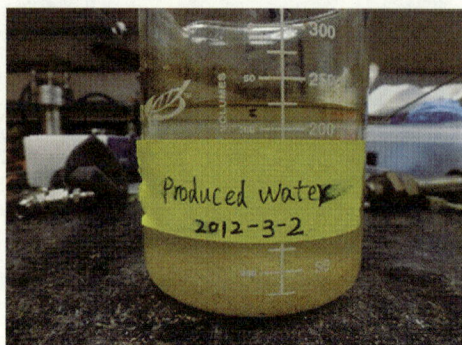

图 6-1-4　火驱产出原油中分离的水

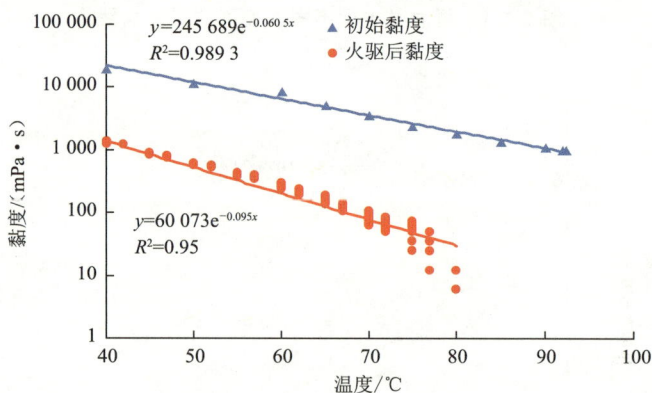

图 6-1-5　火驱前后原油黏度对比

上述实验为第 1 组燃烧管实验结果,仅测定了总产出原油的平均黏度。第 2 组燃烧管实验中分段收集产出的原油,可得到不同产出时间下原油的动态黏度。

从第 2 组实验结果(图 6-1-6)可以看出,在燃烧开始的 0~2 h 阶段,起初只有气体产出,然后可见产出水(主要为驱替前缘形成的冷凝水),2 h 以后才见到原油。

从不同时间段内得到的产出原油的黏度变化曲线可知,初始阶段得到的原油黏度最大,随着开采时间的延长,其黏度逐渐降低,最后趋于一个最低值。通过燃烧管实验可知,当火线位置到达出口端附近时,产出原油的黏度由初始阶段的 4 200 mPa·s 降到450 mPa·s,表明改质效果非常显著。

6.2　岩石基本物性分析测试研究

热采过程中,无论是注蒸汽技术还是火驱技术,在高温环境中,储层性质通常会发生明显的变化。因此,通过测定火驱前后岩石孔隙结构及矿物组成的变化,可以判断火驱温度分布的特点,有助于定性分析驱油效果。

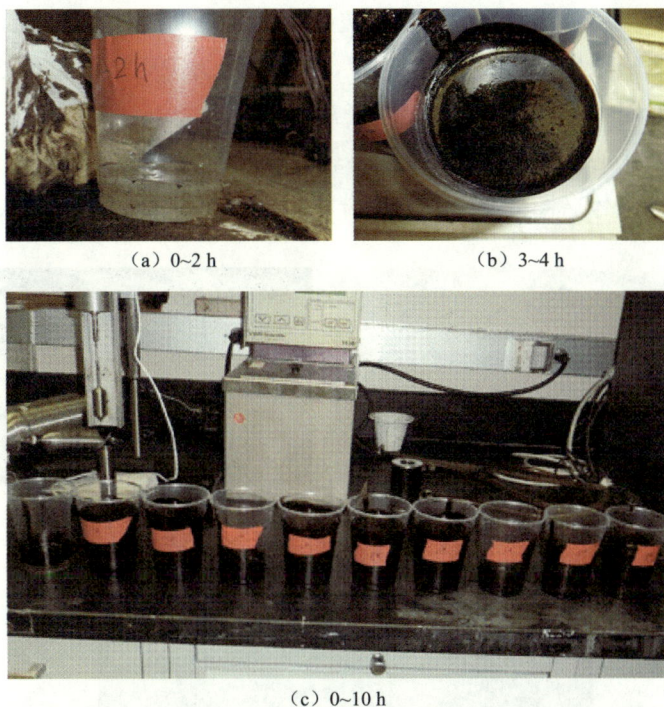

（a）0~2 h　　　　（b）3~4 h

（c）0~10 h

图 6-1-6　不同时间段内采出原油样品(水)的形貌

6.2.1　密闭取样及岩芯观察

2011 年 8 月中旬,新疆油田分公司勘探开发研究院与中国石油大学(北京)对风城目标区块进行密闭取样(图 6-2-1)。设计取芯井 2 口,分别为 FHG010 和 FHG012,其中 FHG010 井取芯顶底深 263.05~283.93 m,有效长度共计 18.33 m;FHG012 井取芯顶底深 301.79~325.09 m,有效长度共计 24.02 m。针对 FHG010 井含油储层共收获 11 段岩芯柱,取芯段总长度约为 12.5 m。

图 6-2-1　现场取样技术人员检测、安装取样工具

岩芯密封(图 6-2-2a)及包装后通过物流公司运送至中国石油大学(北京)后拆开,发现其包装(图 6-2-2b)顺序为:最里层为油砂,往外依次为 PVC 管材、无色透明塑料薄膜(用于密封 PVC 管材两端)、黑色塑料薄膜(密封)、塑料编织袋(用于打包捆绑)。

用剪刀等工具小心拆开,导入一根塑料软管,并将另一端浸入水中,没有气泡出现,说明几乎不含烷烃气体。图 6-2-2(c)为部分样品打开塑料密封薄膜后放在一起的图片。

(a)

(b)

(c)

图 6-2-2 密闭取样岩芯柱的密封、包装及打开情况

依次剥开密封材料,直至仅剩下 PVC 管材。将岩芯抬到切割机的操作台上进行切割(图 6-2-3)。切割过程中注意刀片的下入深度,尽量只把管材切断而不触及油砂,因此,应准确固定刀片的高度。

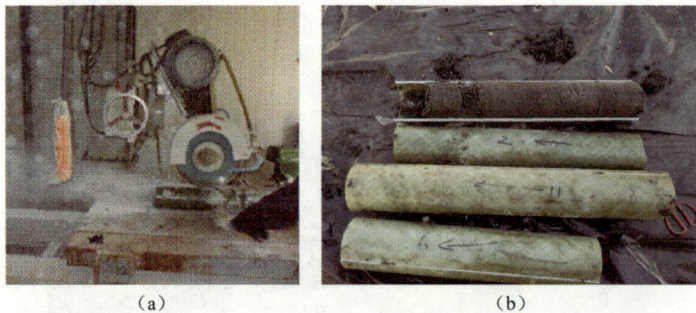

(a)

(b)

图 6-2-3 岩芯切割加工的过程

　　将油砂的密闭筒纵向剖开后取出岩芯,对所取岩芯进行拍照观察(图 6-2-4~图 6-2-7)。当打开无色透明塑料薄膜密封层时,从 PVC 管材两端能够看到松散的岩芯砂。表 6-2-1 为不同储集层(砂岩)的含油分级。从图 6-2-4 中可以看出,油砂原油饱和度非常高,为饱含油级别。

图 6-2-4　松散油砂形貌

(a) 　　　　　　　　　　　　　　(b)

图 6-2-5　弱胶结岩芯形貌(有裂缝存在)

(a) 5 号岩芯柱　　　　　　　　　(b) 8 号岩芯柱

图 6-2-6　5 号、8 号岩芯柱全貌(岩芯质软)

一期裂缝被二期裂缝切割,上下有错

二期裂缝

图 6-2-7 9号岩芯柱裂缝形貌及分布

通过对岩芯观察可知,储层总体上为疏松砂岩储层,有近一半的岩芯表明分布着裂缝和微裂缝,由于弱胶结且含油饱和度高,总体上呈现较软的泥质特征。

表 6-2-1 不同储集层(砂岩)的含油分级

含油级别	内容描述
饱含油	截面95%以上见原油,均匀,原油明显渗透
富含油	截面75%以上见原油,均匀,见不含油的封闭斑块或条带
油 浸	截面40%以上见原油,含油不均匀,较多不含油斑块、条带,水不呈半球状
油 斑	截面5%～40%呈条带状,斑块状含油
油 迹	只见零散的含油斑点,<5%截面
荧 光	肉眼见不到原油,荧光下有显示,系列对比6级及以上

储层主要含油岩性为中细砂岩,岩石颗粒细—中,分选中—好,以泥质胶结为主,胶结疏松—中等,胶结类型以接触式为主,孔隙类型主要为原生粒间孔。

综合研究区沉积条件可知,砂岩埋深较浅,砂岩处于弱固结—半固结的早成岩 A 阶段(表 6-2-2),初步认为有少部分为天然裂缝,并分为两期。对于弱固结的砂岩,疑似裂缝在取芯过程中形成。

表 6-2-2　碎屑岩成岩阶段划分

成岩阶段		古温度 /℃	有机质					泥岩		砂岩固结程度	接触类型	孔隙类型
阶段	期		R_o /%	T_{max} /℃	孢粉颜色 (TAI)	成熟阶段	烃类演化	I/S 中的 S /%	I/S 混层分带			
早成岩阶段	A	古常温 ~65	<0.35	<430	淡黄 (<2.0)	未成熟	生物气	>70	蒙皂石带	弱固结—半固结	点状	原生孔隙为主
	B	>65 ~85	0.35 ~0.5	430~ 435	深黄 (2.0~ 2.5)	半成熟		70~ 50	无序混层带	半固结—固结		原生孔隙及少量次生孔隙
中成岩阶段	A	>85 ~140	>0.5 ~1.3	>435 ~460	橘黄—棕 (2.5~ 3.7)	低成熟—成熟	原油为主	<50 ~15	有序混层带	固结	点—线状	可保留原生孔隙，次生孔隙发育
	B	>140 ~175	>1.3 ~2.0	>460 ~490	棕黑 (>3.7 ~4.0)	高成熟	凝析油—湿气	<15	超点阵有序混层带		线—缝合状	孔隙减少并出现裂缝
晚成岩阶段		>175 ~200	>2.0 ~4.0	>490	黑 (>4.0)	过成熟	干气	消失	伊利石带			裂缝发育

注：I 为伊利石，S 为蒙脱石，R_o 为镜质体反射率，T_{max} 为热解峰温度，TAI 为热变指数。

6.2.2　岩石的孔隙结构及矿物组成

火驱机理非常复杂，目前普遍认为火驱燃烧效果取决于储层和原油的性质。与储层相关的敏感因素主要为孔隙度（ϕ）、含油饱和度（s_o）和渗透率，文献中常用 $s_o\phi$ 的大小来对油藏提高采收率的潜力进行分类，一般要求 ϕs_o 大于或等于 0.05。因此，油藏的孔隙度及渗透率越大，含油饱和度越高，则潜力越大。

众所周知，火驱过程中发生的高温及相变过程极其复杂，就目前的研究进展来看，储层的岩芯及矿物组分、原油中胶质及沥青质的含量对燃烧行为具有较大的影响。

黏土矿物普遍存在于油层中，为随机分散在油层砂粒间的一种无定型矿物，其成分为碳酸盐、硫酸盐、硅酸盐和浮石类等。

经 X 射线衍射分析，黏土矿物主要为蒙脱石、混层矿物、伊利石、高岭石和绿泥石。这些黏土矿物由于结构不同，在油层注水开发中有 3 种潜在危害。

（1）水敏黏土：油层中的水敏黏土主要为蒙脱石、无序及有序混层矿物（伊蒙混层、绿蒙混层)。在注水过程中,膨胀层遇水后产生膨胀而脱落,容易被水冲走,造成危害。

(2)速敏黏土:油层中的速敏黏土主要为高岭石和伊利石,而且是油层中分布最广的黏土矿物。由于高岭石的晶间结合力弱,在流体的冲刷下易分离为叶片状晶体,而伊利石的发丝状晶体易被流体冲断,这些冲碎的微粒矿物随水流动至狭窄的喉道处被阻,对油层造成堵塞,使注水量下降,产油量降低。

(3)酸敏黏土:油层中的酸敏黏土主要为含铁的绿泥石及绿蒙混层,绿泥石在低渗透油层中是一种主要的黏土矿物。在酸化作业中,油层中绿泥石的水镁石层会失去Mg^{2+}和Fe^{2+},导致其解体,形成铁的络合物而沉淀,或蚀变的微粒会发生运移而导致堵塞。因此,需要添加适宜的缓蚀添加剂,以防止铁的沉淀和微粒迁移带来的危害。

1)储层岩石电镜观察

岩芯柱打开后,迅速取出部分样品(选取8号和2号岩芯柱),经过称量、脱油脱水后置于80 ℃烘箱中烘干。在脱油脱水(依次用石油醚、甲苯-酒精混合物)过程中发现样品极易破碎成小块,因此,洗脱完成后尽量挑选较大的颗粒进行镜下观察,结果如表6-2-3、图6-2-8~图6-2-22所示。

表6-2-3 取芯井(FHG010)不同部位处岩石孔隙结构及连通状况认识汇总表

图像号	原编号	井段/m	层 位	岩 性	分析内容	放大倍数
1109-0666	8	274~275	齐古组	砂 岩	全貌,样品疏松,粒间孔隙直径60~200 μm,连通性好,面孔率18.7%	150
1109-0667					粒间层片状、蠕虫状高岭石	1 650
1109-0668					石英加大Ⅰ~Ⅱ级	4 910
1109-0669					粒间片状云母	432
1109-0670					粒间星形菱铁矿	870
1109-0671					粒间蠕虫状高岭石被泥质包覆	3 060
1109-0672					长石淋滤及粒间层片状高岭石	504
1109-0673	2	267~268	齐古组	砂 岩	全貌,样品疏松,粒间孔隙50~100 μm,连通性好,面孔率17.8%	150
1109-0674					粒间片状、层片状、蠕虫状高岭石	848
1109-0675					粒间片状伊利石和高岭石	3 310
1109-0676					粒表石英加大Ⅱ级,晶间叶片状绿泥石	6 360
1109-0677					长石淋滤,溶孔中自生钾长石晶体	742
1109-0678					粒间层片状、蠕虫状高岭石和自生石英晶体	1 420
1109-0679					粒间菱形菱铁矿	1 540
1109-0680					粒间层片状高岭石,单晶大片直径30~40 μm	1 280

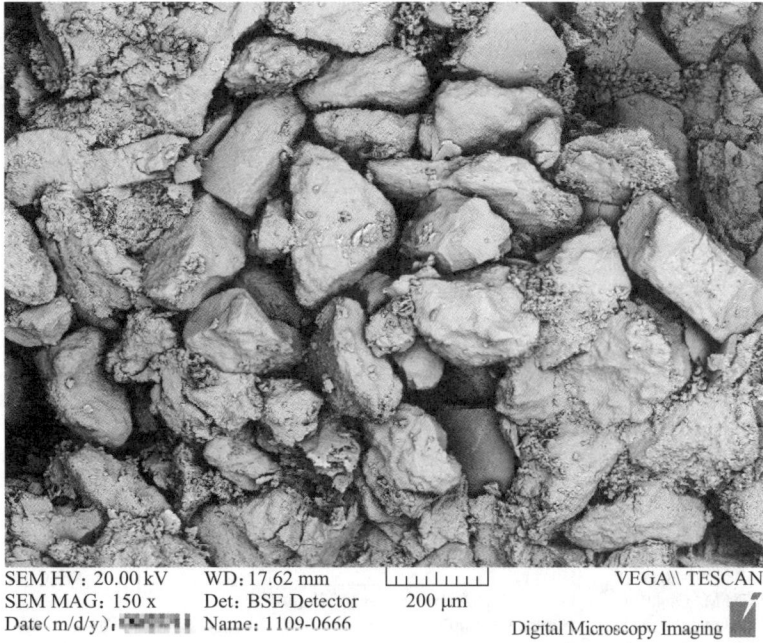

SEM HV: 20.00 kV	WD: 17.62 mm		VEGA\\ TESCAN
SEM MAG: 150 x	Det: BSE Detector	200 µm	
Date(m/d/y):	Name: 1109-0666		Digital Microscopy Imaging

图 6-2-8　8 号样全貌

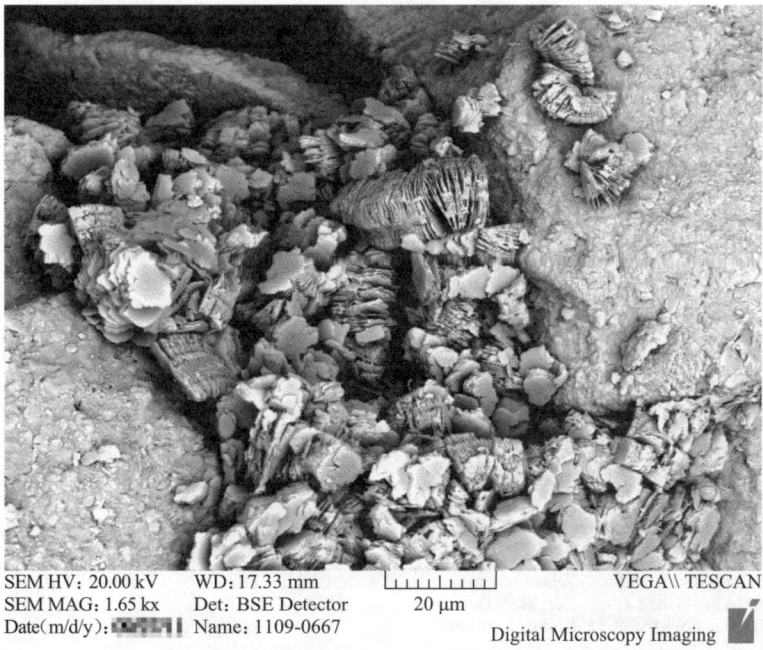

SEM HV: 20.00 kV	WD: 17.33 mm		VEGA\\ TESCAN
SEM MAG: 1.65 kx	Det: BSE Detector	20 µm	
Date(m/d/y):	Name: 1109-0667		Digital Microscopy Imaging

图 6-2-9　8 号样粒间层片状、蠕虫状高岭石

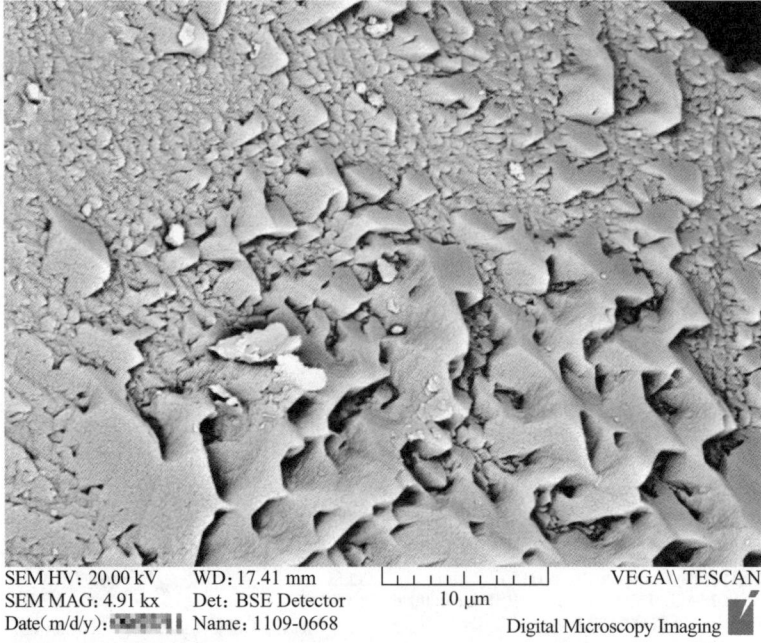

SEM HV: 20.00 kV   WD: 17.41 mm   10 µm   VEGA\\ TESCAN
SEM MAG: 4.91 kx   Det: BSE Detector
Date(m/d/y):   Name: 1109-0668   Digital Microscopy Imaging

图 6-2-10   8 号样石英加大 I~II 级

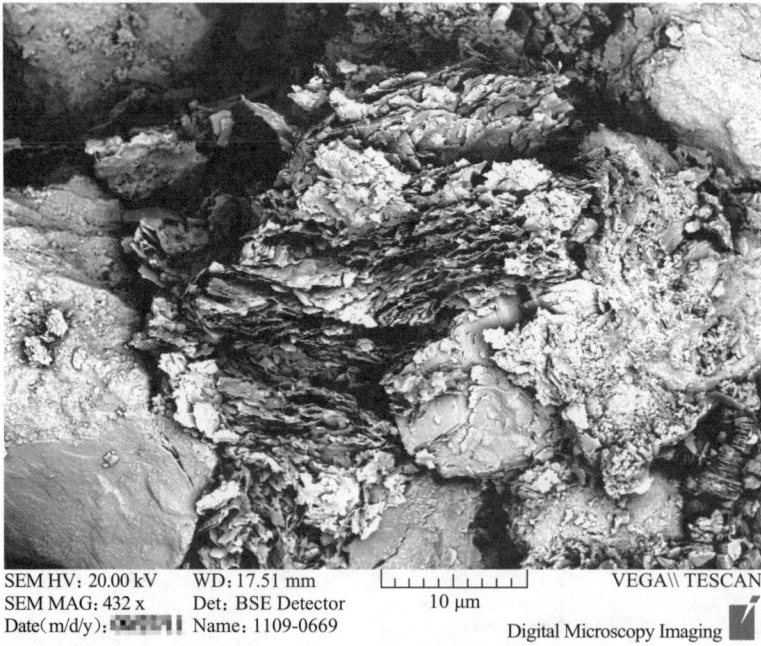

SEM HV: 20.00 kV   WD: 17.51 mm   10 µm   VEGA\\ TESCAN
SEM MAG: 432 x   Det: BSE Detector
Date(m/d/y):   Name: 1109-0669   Digital Microscopy Imaging

图 6-2-11   8 号样粒间片状云母

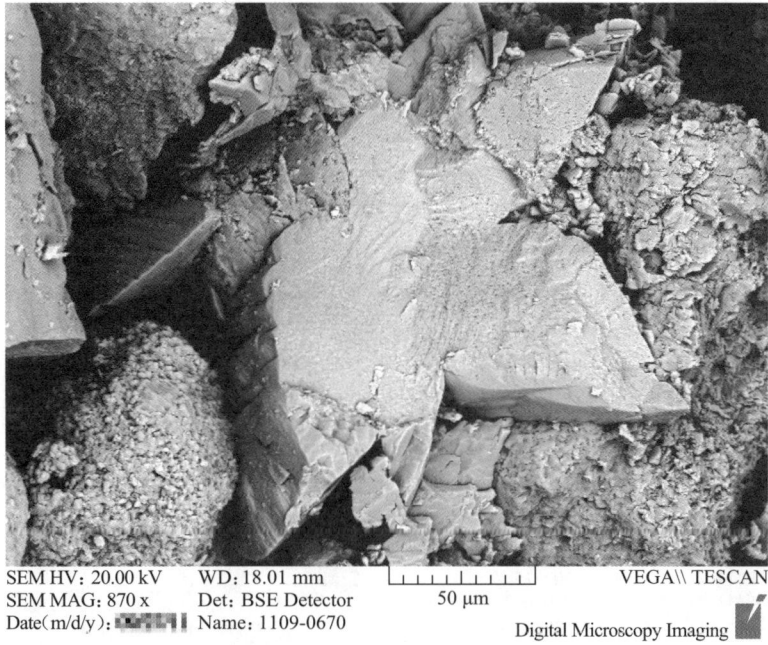

SEM HV: 20.00 kV	WD: 18.01 mm	50 μm	VEGA\\ TESCAN
SEM MAG: 870 x	Det: BSE Detector		
Date(m/d/y):	Name: 1109-0670		Digital Microscopy Imaging

图 6-2-12　8 号样粒间星形菱铁矿

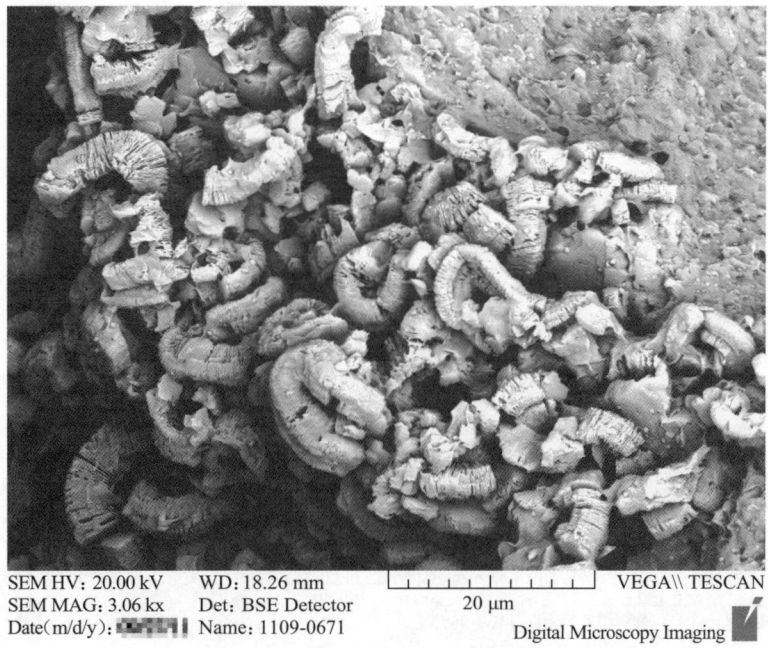

SEM HV: 20.00 kV	WD: 18.26 mm	20 μm	VEGA\\ TESCAN
SEM MAG: 3.06 kx	Det: BSE Detector		
Date(m/d/y):	Name: 1109-0671		Digital Microscopy Imaging

图 6-2-13　8 号样粒间蠕虫状高岭石被泥质包覆

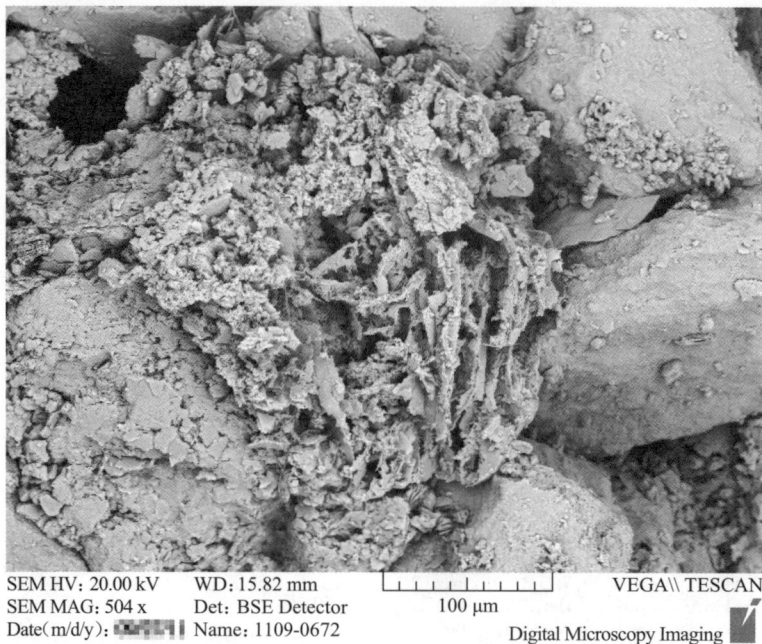

SEM HV: 20.00 kV　WD: 15.82 mm
SEM MAG: 504 x　Det: BSE Detector　100 μm
Date(m/d/y): ████　Name: 1109-0672　VEGA\\ TESCAN
Digital Microscopy Imaging

图 6-2-14　8 号样长石淋滤及粒间层片状高岭石

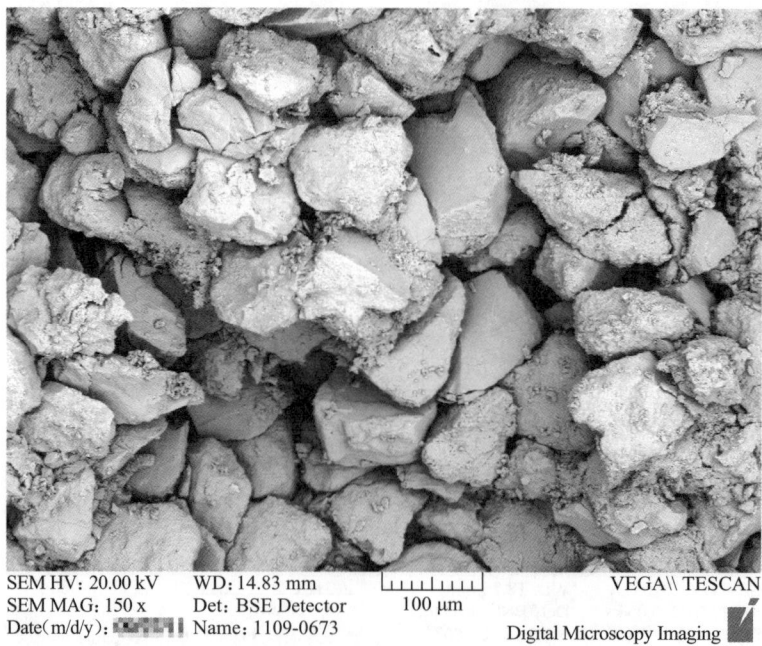

SEM HV: 20.00 kV　WD: 14.83 mm
SEM MAG: 150 x　Det: BSE Detector　100 μm
Date(m/d/y): ████　Name: 1109-0673　VEGA\\ TESCAN
Digital Microscopy Imaging

图 6-2-15　2 号样全貌

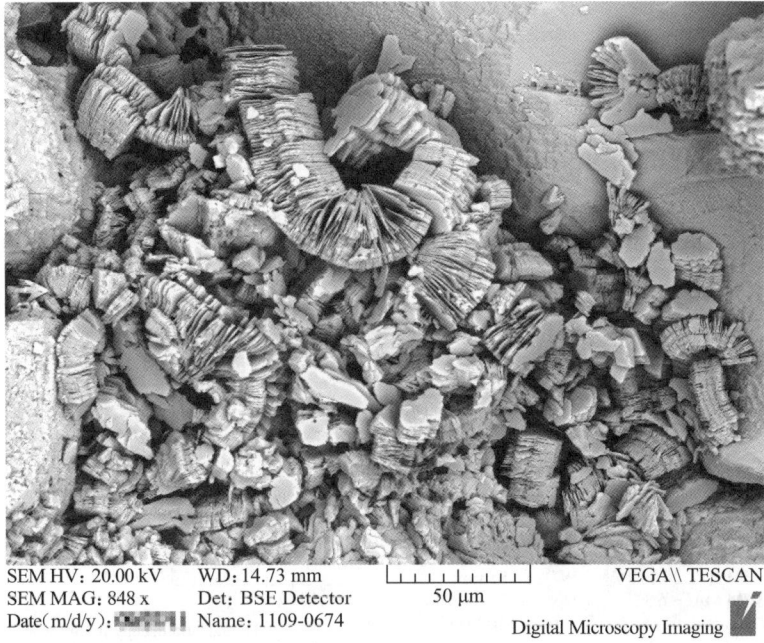

SEM HV: 20.00 kV	WD: 14.73 mm		VEGA\\ TESCAN
SEM MAG: 848 x	Det：BSE Detector	50 μm	
Date（m/d/y）：	Name: 1109-0674		Digital Microscopy Imaging

图 6-2-16　2号样粒间片状、层片状、蠕虫状高岭石

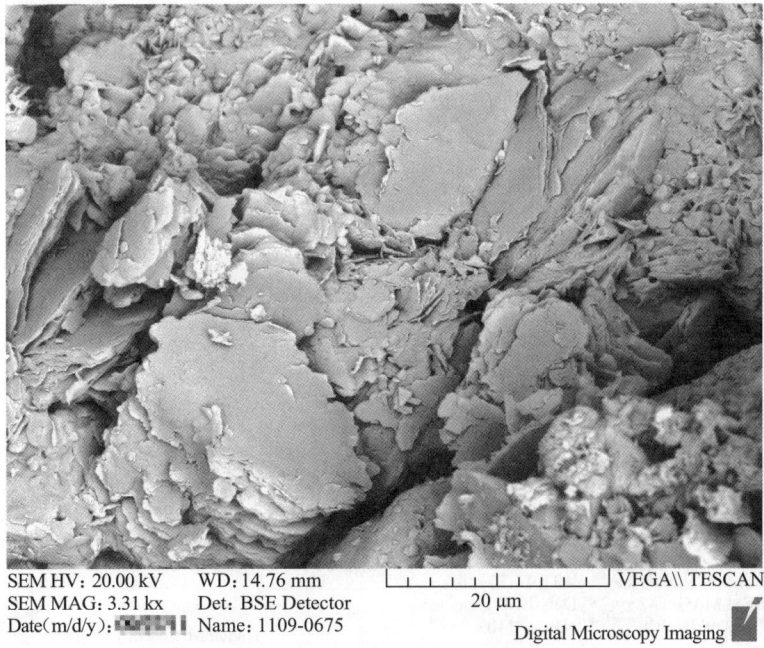

SEM HV: 20.00 kV	WD: 14.76 mm		VEGA\\ TESCAN
SEM MAG: 3.31 kx	Det：BSE Detector	20 μm	
Date（m/d/y）：	Name: 1109-0675		Digital Microscopy Imaging

图 6-2-17　2号样粒间片状伊利石和高岭石

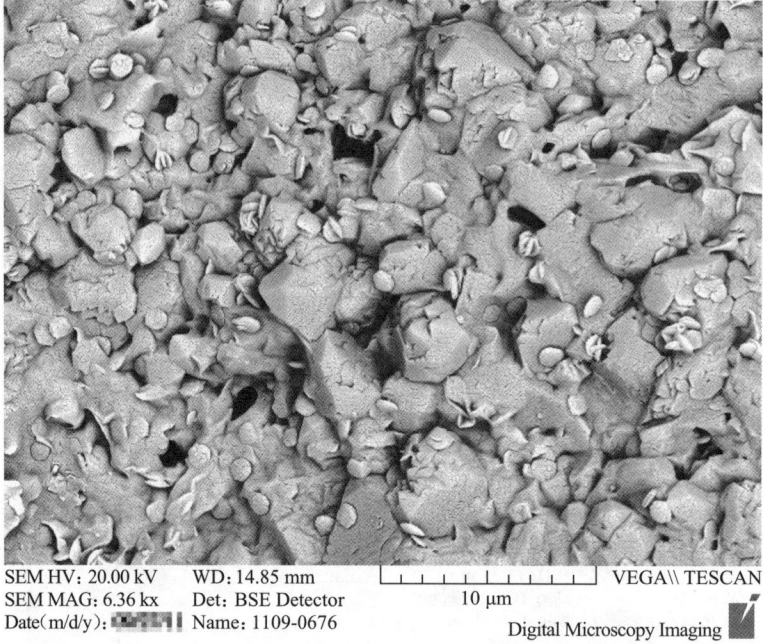

SEM HV: 20.00 kV	WD: 14.85 mm		VEGA\\ TESCAN
SEM MAG: 6.36 kx	Det: BSE Detector	10 μm	
Date(m/d/y):	Name: 1109-0676		Digital Microscopy Imaging

图 6-2-18　2号样粒表石英加大Ⅱ级,晶间叶片状绿泥石

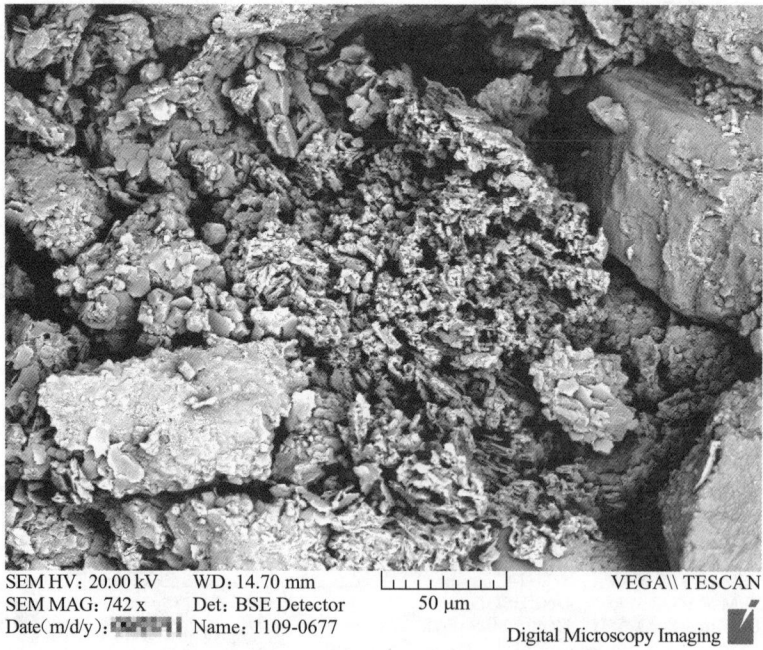

SEM HV: 20.00 kV	WD: 14.70 mm		VEGA\\ TESCAN
SEM MAG: 742 x	Det: BSE Detector	50 μm	
Date(m/d/y):	Name: 1109-0677		Digital Microscopy Imaging

图 6-2-19　2号样长石淋滤,溶孔中自生钾长石晶体

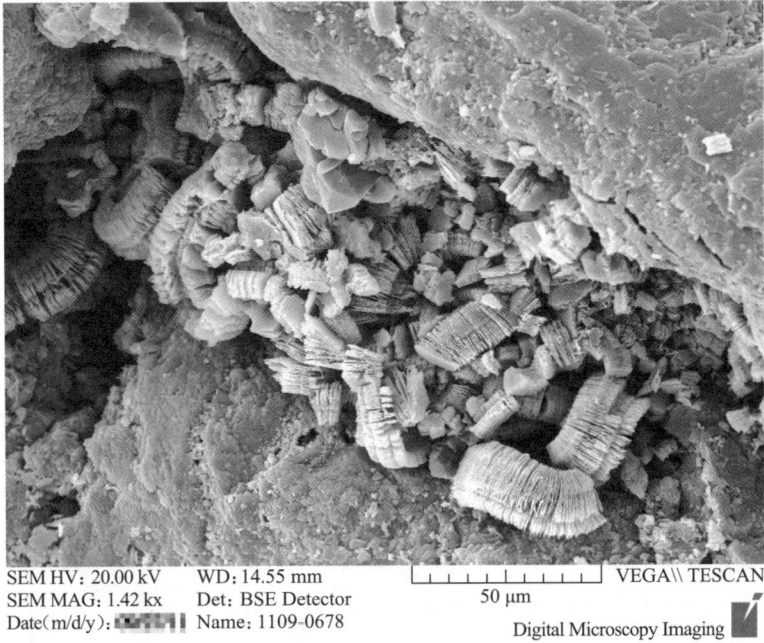

SEM HV: 20.00 kV　WD: 14.55 mm
SEM MAG: 1.42 kx　Det: BSE Detector　50 μm
Date(m/d/y):　Name: 1109-0678　VEGA\\ TESCAN
Digital Microscopy Imaging

图 6-2-20　2 号样粒间层片状、蠕虫状高岭石和自生石英晶体

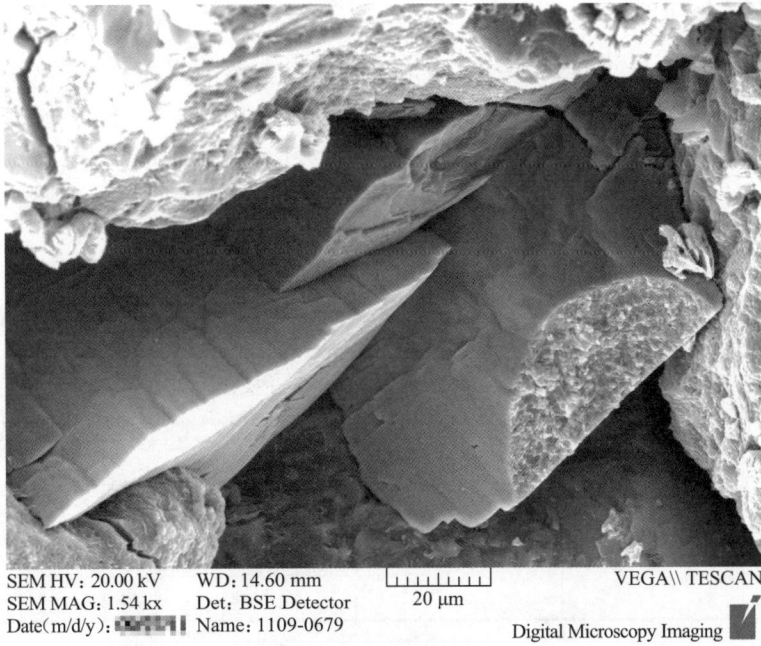

SEM HV: 20.00 kV　WD: 14.60 mm
SEM MAG: 1.54 kx　Det: BSE Detector　20 μm
Date(m/d/y):　Name: 1109-0679　VEGA\\ TESCAN
Digital Microscopy Imaging

图 6-2-21　2 号样粒间菱形菱铁矿

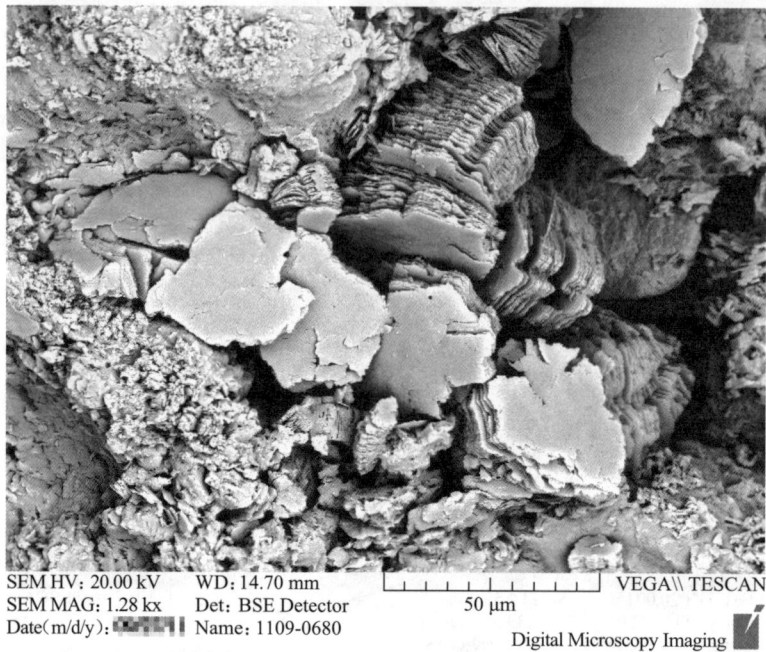

图 6-2-22 2号样粒间层片状高岭石

由电镜观察结果可知,风城齐古组稠油储层属于疏松胶结类型,含油饱和度较高。

2)储层矿物组分的测定

对脱油脱水的岩样进行 X 射线衍射分析,结果如表 6-2-4、表 6-2-5、图 6-2-23、图 6-2-24 所示。从表 6-2-4 中可知,储层中石英含量最高,为 40.7%~49.5%,平均 43.6%;其次为斜长石,含量为 13.5%~26.0%,平均为 20.8%;再次为方解石,含量为 4.4%~22.2%,平均 10.5%;钾长石含量最少,为 4.5%~11.9%,平均为 7.7%;黏土含量较高,在 10.3%~23.4% 之间。

表 6-2-4 矿物 X 射线衍射分析数据

分析号	原编号	井 号	井段/m	层位	岩性	各矿物含量/%						黏土含量/%
						石 英	钾长石	斜长石	方解石	白云石	石 盐	
2-1	2(面)	FHG010	267~268	齐古组	砂岩	40.7	5.4	21.5	9.0	—	—	23.4
2-2	2(块)					49.5	4.5	13.5	22.2	—	—	10.3
8-1	8(面)		274~275			41.6	11.9	22.0	6.4	—	4.1	14.0
8-2	8(块)					42.4	8.9	26.0	4.4	—	4.6	13.7

由表 6-2-5 可知,该储层的渗透率比较低,属于中低渗透稠油砂岩储层。

表 6-2-5　黏土 X 射线衍射分析数据

分析号	原编号	井　号	井段/m	层　位	岩　性	黏土相对含量/%				混层比	
						S	I	K	C	I/S	C/S
2-1	2(面)	FHG010	267～268	齐古组	砂　岩	10	25	39	26	—	—
2-2	2(块)					11	20	41	28	—	—
8-1	8(面)		274～275			17	24	35	24	—	—
8-2	8(块)					20	23	35	22	—	—

注:C 为绿泥石,K 为高岭石。

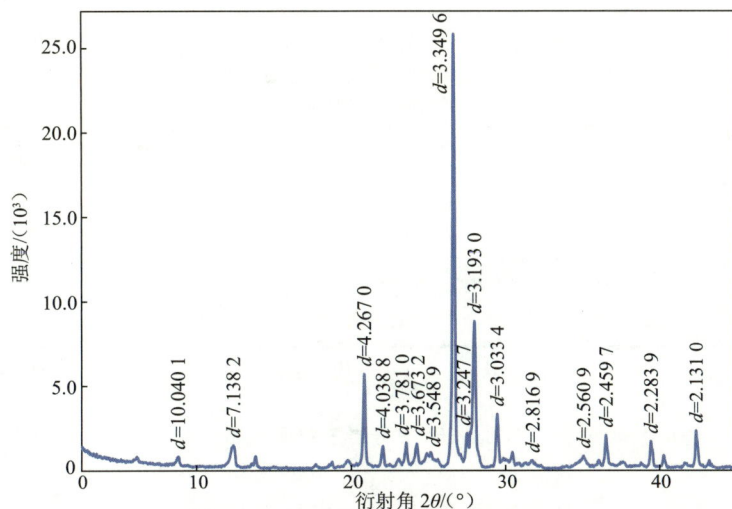

图 6-2-23　2 号岩芯 X 射线衍射谱图

d 为网面间距,Å(1 Å=0.1 nm)

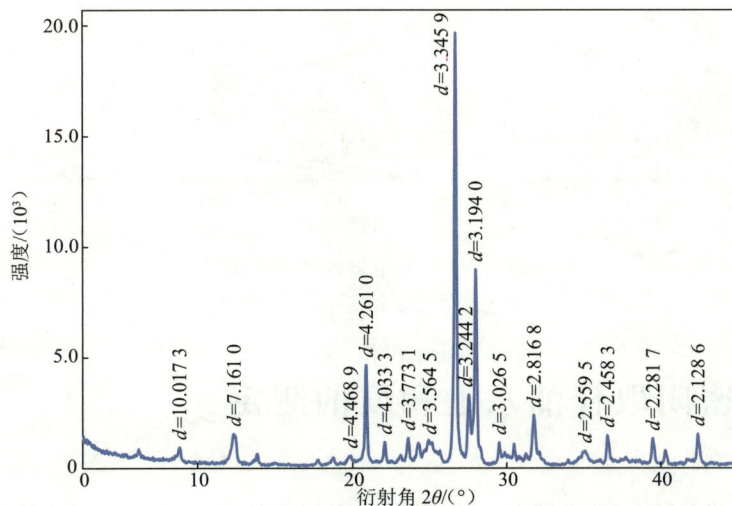

图 6-2-24　8 号岩芯 X 射线衍射谱图

d 为网面间距,Å

6.2.3　岩石粒径分析

将密闭取芯的样品经脱油脱水后进行解离,并去除未解离的大颗粒,用激光粒度分析仪[Hydro 2000MU(A)]测定粒径的分布,结果如图 6-2-25、图 6-2-26 所示。

2 号样品粒径范围为 0.020～2 000.000 μm,分散剂为水(体积分数为 0.157 3%),粒径的比表面积为 0.056 8 m²/g。

8 号样品粒径范围为 0.020～2 000.000 μm,分散剂为水(体积分数为 0.116 9%),粒径的比表面积为 0.087 1 m²/g。

$d_{0.1}$(累积分布达到 10% 时对应的粒径):105.270 μm
$d_{0.5}$(累积分布达到 50% 时对应的粒径):229.377 μm
$d_{0.9}$(累积分布达到 90% 时对应的粒径):413.604 μm

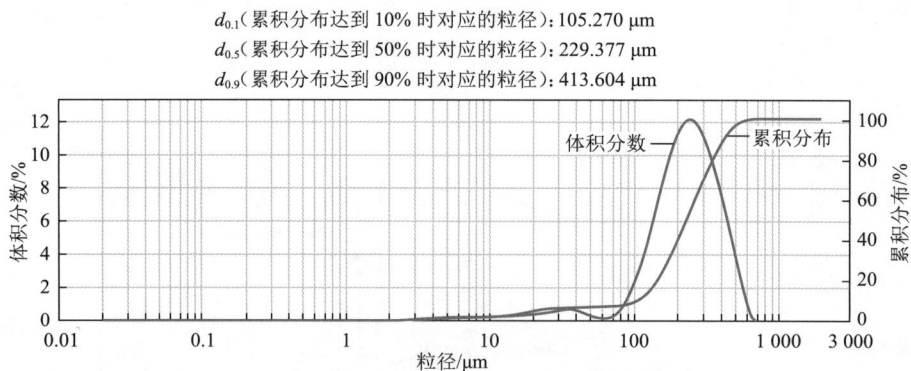

图 6-2-25　2 号岩芯粒径分布

$d_{0.1}$(累积分布达到 10% 时对应的粒径):37.117 μm
$d_{0.5}$(累积分布达到 50% 时对应的粒径):190.643 μm
$d_{0.9}$(累积分布达到 90% 时对应的粒径):497.204 μm

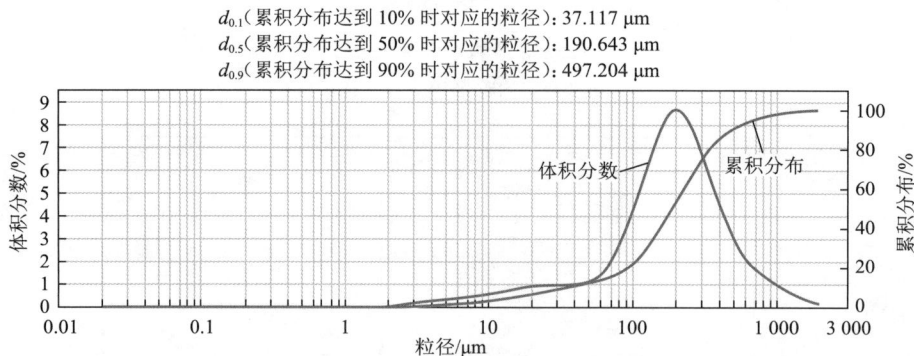

图 6-2-26　8 号岩芯粒径分布

6.3　密闭取样油水饱和度的测定

由于所取的油样为蒸汽吞吐产出油样,所以原油中不仅含有大量的冷凝水,而且原油经过高温后组分会发生一定的变化。对新钻开的油藏进行密闭取样,并对样品进行流体和岩石性质的相关分析及测定,结果更能反映油藏的实际情况。下面对密闭油砂样品的油水饱和度进行测定。

　　称取 82.2 g 8 号岩芯柱油砂,小心转入 500 mL 圆底烧瓶中(不要碰碎岩芯,否则会影响电镜测定),先加入 100 mL 沸点为 90~120 ℃ 的石油醚(质量为 68.6 g),之后加入 0.9 g 沸石。分 3 次脱除水分:第 1 次加入 100 mL 石油醚,完成蒸馏后,转移出烧瓶底部的残余液体,尽量转移干净;第 2 次将 30 mL 石油醚(新取出)及回流器收集管中分离出的石油醚(可能含有一定量的原油组分)加入烧瓶中,再次回流,直至烧瓶中液体的颜色不再变化为止,此时液体的颜色与第一次回流相比已经浅了一些;第 3 次取出 30 mL 石油醚,同时加入分离出的石油醚,置于烧瓶中回流 1 h,此时回流器中已经看不到水珠。继续浸泡样品 2 h 后分离岩石和液体。用甲苯-酒精混合液体继续萃取样品 3 次,并把分离出的水量进行计量,总共分离出 0.8 mL 水(表 6-3-1)。

表 6-3-1　岩芯柱不同溶剂萃取水量

实验次数	石油醚萃取水量/mL		甲苯-酒精萃取水量/mL		总分出水量/mL	
	8 号岩芯柱	2 号岩芯柱	8 号岩芯柱	2 号岩芯柱	8 号岩芯柱	2 号岩芯柱
1	3.2	3.1	0.8	0.1	4.0	3.2
2	0.2	0	0	0	0.2	0
3	0	0	0	0	0	0
总　计					4.2	3.2

　　将烧瓶中的岩石及细小颗粒都转移出来,在 60 ℃ 烘箱中烘干至恒重,取出后拍照观察,如图 6-3-1(a)所示。可以看出,经过洗脱后,大部分岩芯已经自动解离,呈细小颗粒状。由表 6-3-1 可知,8 号岩芯柱总分出水量为 4.2 mL。脱除油水后岩石质量为 69.7 g,烘干后最终质量为 66.2 g。

　　经计算可得:8 号岩芯柱的含水量为 5.11%,含油量为 14.35%;若岩石密度按 2.15 g/cm³、原油密度按 0.97 g/cm³ 进行计算,则计算出的孔隙度为 34.7%;储层渗透率为 $(200\sim1\ 200)\times10^{-3}\ \mu m^2$,计算出的含水饱和度为 31.7%,考虑钻井过程中的污染(通过 2 号岩芯柱的脱水实验可以判断出来),实际原始地层水饱和度(或束缚水饱和度)约为 29%,原始含油饱和度为 66%~68%。

　　同理,称取 108.9 g 2 号岩芯柱油砂,小心转入 500 mL 圆底烧瓶中,加入 100 mL 石油醚进行抽提。当抽提约 10 min 时,出水量已达 1.5 mL,此部分水应为原油中和空隙中的自由水。其他过程与 8 号岩芯柱实验相同。2 号岩芯柱不同溶剂萃取水量见表 6-3-1。由表 6-3-1 可知,2 号岩芯柱总分出水量为 3.2 mL。烘干后岩石质量为 83.9 g。

　　经计算可得:2 号岩芯柱的含水量为 2.94%,含油量为 20.02%;若岩石密度按 2.15 g/cm³ 进行计算,则计算出的孔隙度为 21.7%;储层渗透率为 $(200\sim1\ 800)\times10^{-3}\ \mu m^2$,计算出的含水饱和度为 29.11%,考虑钻井过程中的污染(通过 2 号岩芯柱的

（a）8 号岩芯柱　　　　　　　　　　　（b）2 号岩芯柱

图 6-3-1　密闭取芯 8 号和 2 号岩芯柱脱油脱水并烘干后的情况

脱水实验可以判断出来），实际原始地层水饱和度（或束缚水饱和度）约为 25％，原始含油饱和度为 70％～73％。

从脱油脱水并烘干后松散岩芯的形貌（图 6-3-1b）可以看出，2 号岩芯柱储层为弱胶结松散储层，颗粒较细，且泥质含量高。

6.4　火驱后黏土矿物组分及元素的变化

6.4.1　黏土矿物组成的变化

利用燃烧管实验研究储层密闭取样（油砂）样品的燃烧稳定性和火线传播速度，同时测定产出原油的量及原油黏度，并分析火驱后岩石矿物组分的变化等。

图 6-4-1 为火驱实验结束后打开的燃烧管的形貌，图 6-4-2 为火驱实验结束后残余原油在填砂管尾部的分布情况。可以看出，燃烧管顶端（注气端）在高温 N_2 环境下留下了黑色重组分及部分焦炭物质。图 6-4-3 为燃烧后砂子形貌。可以看出，燃烧后砂子呈土黄色，表明泥质粉砂岩在高温环境下发生了脱水和矿化反应。由于填砂管压实程度低，比较疏松，火线扫过区域的含油饱和度几乎为 0，这使储层更加疏松。

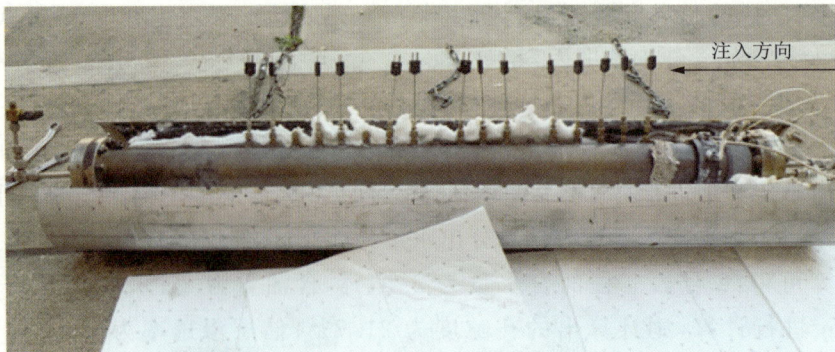

注入方向

图 6-4-1　火驱实验结束后打开的燃烧管的形貌

图 6-4-2   火驱实验结束后残余原油在填砂管尾部的分布情况

（a）顶部

（b）顶部—颈部

（c）颈部

（d）前缘

图 6-4-3   燃烧后砂子形貌

由图 6-4-4～图 6-4-6 及表 6-4-1 和表 6-4-2 可知，与燃烧前相比，燃烧后储层中的蒙脱石（S）含量均有不同程度的增加，尤其以顶部和前缘处的含量增加显著；伊利石（I）含量在顶部、顶部—颈部、颈部变化不大，而在前缘处显著降低；高岭石（K）和绿泥石（C）含量变化不大，略有降低；石英含量几乎不变；方解石含量急剧降低；钾长石和斜长石含量大都有一定程度的增大。这是由于方解石分解而导致其减少，其他组分相对含量增大。

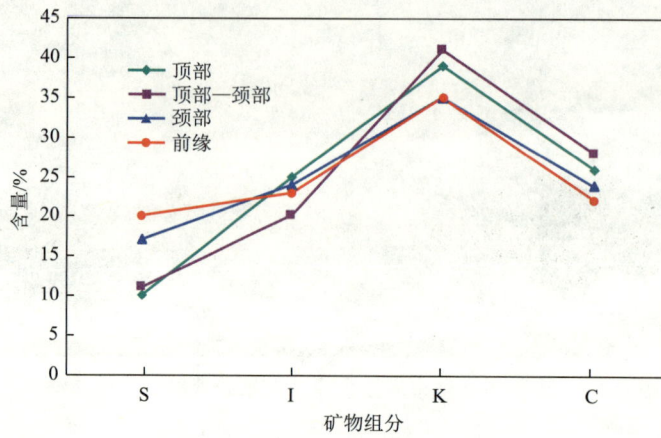

图 6-4-4　燃烧前储层黏土矿物的组成分布图

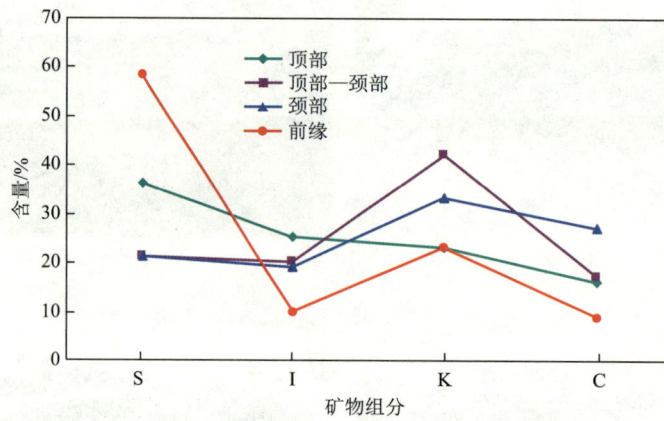

图 6-4-5　第 1 次燃烧管实验后储层黏土矿物组成分布图

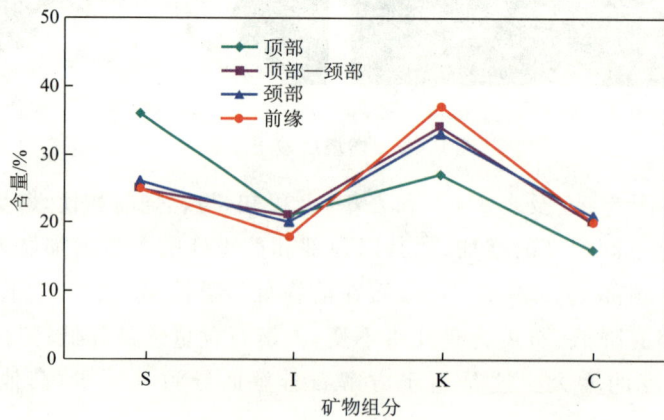

图 6-4-6　第 2 次燃烧管实验后储层黏土矿物组成分布图

表 6-4-1　风城重 18 井区火驱前后储层岩石组分的变化

样品号	取样位置	石英含量/%		钾长石含量/%		斜长石含量/%		方解石含量/%	
		初始样品	火驱后	初始样品	火驱后	初始样品	火驱后	初始样品	火驱后
1	顶部	42.0	39.7	10.4	8.7	24.0	23.9	5.4	—
	顶部—颈部		57.2		6.1		23.5		—
	颈部		43.5		10.7		22.7		—
	前缘		46.1		9.9		27.3		0.2
2	顶部	45.1	44.8	4.95	8.1	17.5	24.5	15.6	—
	顶部—颈部		49.2		10.0		25.2		1.1
	颈部		38.4		11.2		21.8		1.7
	前缘		50.8		6.6		25.0		2.1

表 6-4-2　风城重 18 井区火驱前后储层矿物组分的变化

样品号	取样位置	S 含量/%		I 含量/%		K 含量/%		C 含量/%	
		初始样品	火驱后	初始样品	火驱后	初始样品	火驱后	初始样品	火驱后
1	顶部	10.5	14.0	22.5	18.0	40.0	42.0	27.0	26.0
	顶部—颈部		36.0		25.0		23.0		16.0
	颈部		21.0		20.0		42.0		17.0
	前缘		21.0		19.0		33.0		27.0
2	顶部	18.5	36.0	23.5	21.0	35.0	27.0	23.0	16.0
	顶部—颈部		25.0		21.0		34.0		20.0
	颈部		26.0		20.0		33.0		21.0
	前缘		25.0		18.0		37.0		20.0

6.4.2　矿物元素的变化

由风城重 18 齐古组油砂填充燃烧管的实验结果可知,燃烧管各部位监测到的温度均在 560～680 ℃之间。通过观察燃烧后的油砂形貌可知,燃烧后只剩下松散的砂岩和细粉砂岩,呈土黄色或黄褐色,与红浅 1 井区现场取出的岩芯颜色不同。该井区燃烧后的岩芯中,在火线扫过的区域,可以看到大段的砖红色,如图 6-4-7 所示。

为了进一步了解燃烧前缘的温度信息,采用能量色散型 X 射线荧光光谱仪(EDX-720 型,日本岛津)对密闭取样的岩芯进行矿物组成分析,结果汇总见表 6-4-3。

图 6-4-7　红浅 1 井区取芯井(hH2118A 井)不同位置处燃烧形貌

表 6-4-3　不同位置处未燃烧的含油样品成分分布

井　号	埋　深	不同位置处样品的形貌	组成(含量以氧化物计)/%			备　注
h2071A	547～549 m	未燃烧区,100～300 ℃	氧化物	1 号	2 号	3 号	
			SiO$_2$	91.70	74.82	94.66	
			Al$_2$O$_3$	4.27	14.61	4.05	
			Fe$_2$O$_3$	1.55	1.97	0.18	
			SO$_3$	1.32	0.61	0.37	
			CaO	0.63	0.71	0.22	
			K$_2$O	0.37	6.68	0.37	
	543～546 m	燃烧区,400～550 ℃	氧化物	1 号		3 号	1 号为 clay 黏土(伊/袋混层)
			SiO$_2$	66.92		59.68	
			Al$_2$O$_3$	11.88		11.10	
			SO$_3$	9.03		11.27	
			K$_2$O	7.25		3.04	
			CaO	3.54		5.81	
			Fe$_2$O$_3$	1.00		7.42	

井　号	埋深	不同位置处样品的形貌	组成(含量以氧化物计)/%				备　注
hH2118A	545.3~ 548.27 m	燃烧区,550~750 ℃ 	氧化物	1 号	2 号	4 号	
			SiO$_2$	64.67	74.46	64.77	
			Al$_2$O$_3$	20.24	14.79	20.36	
			Fe$_2$O$_3$	7.46	5.82	1.08	
			K$_2$O	4.61	3.62	6.74	
			TiO$_2$	1.36	0.63	—	
			CaO	1.06	0.48	0.40	

　　h2071A 井埋深 547~549 m 处未燃烧的含油样品的测试点分别位于岩芯的侧面(1 和 3)和端面(2)。由测试数据可知,石英为主要成分,平均含量高于 87%;含有一定量的长石(Al$_2$O$_3$ 为长石的主要组分之一,平均含量 7.64%);Fe$_2$O$_3$ 的平均含量为 1.23%。而 h2071 井埋深 543~546 m 处燃烧区(即经过高温后)岩芯的 1 号位置与 3 号位置相邻,为灰色砂砾。与未燃烧区相比,该处 SiO$_2$ 含量明显降低,Al$_2$O$_3$ 含量明显升高,表明该处矿物主要为正长石。

　　通过不同位置矿物组分的对比可知,大颗粒砾岩中石英含量较高,而小颗粒砂岩中石英含量较低,长石及黏土含量增加,尤其是 Fe$_2$O$_3$ 含量增大时,所分析区域中细小颗粒比较集中,显示黏土含量增大。

　　h2071A 井埋深 543~546 m 处岩芯表面的颜色为灰白色,部分为较浅的砖红色,燃烧产生的温度较低,通过颜色比对,可推测温度为 400~550 ℃,其石英含量明显降低。根据钾长石的理论成分组成(SiO$_2$,Al$_2$O$_3$ 和 K$_2$O 的质量比为 64.7:18.4:16.9),以及表 6-4-3 中 K$_2$O 的含量,可推测钾长石含量约为 30.4%。由正长石的组成可知,其分子结构简式为 KAlSi$_3$O$_8$,其中硅铝原子的质量比为 3.123,由表 6-4-3 中 SiO$_2$ 和 Al$_2$O$_3$ 的组成可以判断,该处主要矿物组成为石英和正长石。

　　通过火线前缘下部不同深度岩芯矿物组成的分析可知,离火线较近,即温度较高的区域,矿物中 SiO$_2$ 含量明显降低,而 Fe$_2$O$_3$ 含量明显增大,黏土组分增多,即石英和长石向黏土转化的可能性增大。另外,hH2118A 井砖红色区域中 Fe$_2$O$_3$ 含量明显增大,其变化趋势与 h2071A 井相同。

6.5　其他相关参数的测定

　　在数值模拟中,除了需要活化能、指前因子等参数外,还需要一些其他参数,如油藏初始温度(T_i)和初始压力(p_i)、导热系数、比热容、注气速度、油层体积(V)等。其中油藏初始温度和初始压力、油层体积、注气速度比较容易获得,在此不再赘述。下面主要对数值模拟及现场工艺实施中重要的参数(如比热容、导热系数)进行探讨。

6.5.1 火驱前沿温度分布特点

目前监测手段还无法直接得到火线传播速度,Fashihi 估计了油层的加热速率为 2.5~3.3 K/min。大多数现场试验得到的火线传播速度是非线性的。Penberthy 和 Ramey 推导了不考虑热损失条件下火驱前沿温度分布的解析表达式(此处不再赘述,感兴趣的读者可自行查阅文献)。

根据前面 2 组燃烧管实验结果和温度变化曲线,计算得到火线传播速度分别为:第 1 组 0.086 4 m/h=2.07 m/d,第 2 组 0.096 m/h=2.304 m/d。考虑到实际油藏的渗透率($200×10^{-3}$~$500×10^{-3}$ μm^2)远低于燃烧管的渗透率(5~10 μm^2),因此其火线传播速度明显低于实验测定值。

6.5.2 储层比热容

材料的比热容一般用差示扫描量热法(DSC)进行测定。目前流动型比热容测试方法在国内外已有许多相关文献报道,该技术已较成熟,在实验室比热容测试中已得到广泛应用,加之流动型测试方法不涉及标准样品,不受环境影响,各项因素都可人为控制,是获取物质比热容最直接、可靠的实验方法。

1) 测定原理

用常规 DSC 方法测定物质的比热容时,需要先用 2 个空白盘在一定的升温速率下测出其热流-温度 T(或时间 t)曲线(图 6-5-1 曲线Ⅲ)作为工作基线,然后在同样的升温速率下分别测量已知比热容的基准物(一般用高纯度的 α-Al_2O_3)和待测比热容试样的 DSC 曲线(图 6-5-1 曲线Ⅳ和曲线Ⅴ)。图 6-5-1 中的曲线Ⅰ和Ⅱ为恒温时的仪器热流信号。

在某一给定温度下,试样的热流 h 为:

$$\frac{\mathrm{d}q}{\mathrm{d}t} = h = cm \frac{\mathrm{d}T}{\mathrm{d}t} \tag{6-5-1}$$

基准物的热流 H 为:

$$\frac{\mathrm{d}q'}{\mathrm{d}t} = H = c'm' \frac{\mathrm{d}T}{\mathrm{d}t} \tag{6-5-2}$$

两式联立并整理即得试样的比热容:

$$c = \frac{c'm'h}{mH} \tag{6-5-3}$$

式中 q, q'——试样和基准物的热流量;

        c, c'——试样和基准物的比热容;

        m, m'——试样和基准物的质量;

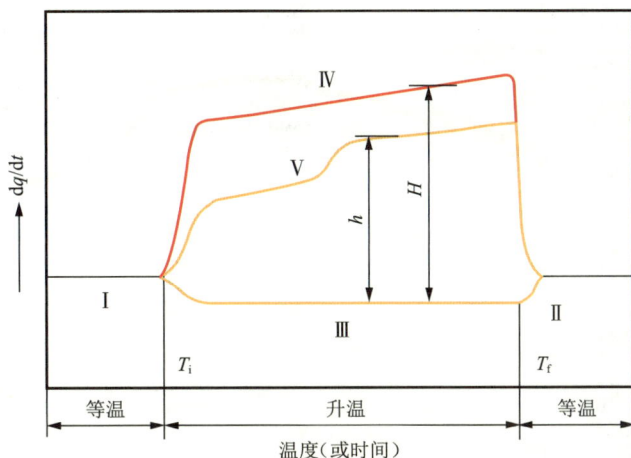

图 6-5-1　DSC 曲线示意图

h，H——试样和基准物经基线校正后的热流(图 6-5-1)。

在操作过程中要求：

(1)样品盘和参比盘的质量尽可能一致；

(2)对仪器所给的恒温下热流对时间的基线斜率进行调整,使等温基线 I 和 II 处于同一条直线上,即纵轴几乎相同的位置；

(3)使曲线 III,IV 和 V 在起始温度 T_i 和终止温度 T_f 处一致。

2)测定结果

把松散的油砂重新压制成型,然后进行比热容的测定,结果如图 6-5-2 所示。可以看出,饱和油水砂岩的比热容在 0.78～1.165 J/(g·℃)之间变化,其中温度处于点火温度(50 ℃)到 325 ℃时油砂的比热容呈近线性上升,这是由于岩石物质在高温时体系内原子间的振动波频率增大,原子的自由度增加,随着温度的不断升高,需要不断地补充新的能量(热量),温度越高,物质的比热容越大。当温度处于 325～360 ℃时,比热容变化不大,存在一个平台,这是由于该温度段内部分较轻的组分挥发,比热容下降的幅度与随岩石原子间的振动波频率增大而增大的比热容基本处于相互抵消的平衡状态。风城齐古组稠油中重组分含量高,当反应温度高于 360 ℃后,大部分轻组分挥发,部分中间组分被烟道气驱替向低温区移动,导致该区域油砂中的含油量急剧下降,即从富含油的油砂逐渐向干砂转变,比热容下降幅度大。

在燃烧早期,干砂的比热容与温度基本也呈线性正相关关系,但是总体的比热容较油砂小,这是由于原油的比热容比岩石的大。干砂出现平台的温度低于油砂,约为 250 ℃,平台的温度范围为 250～340 ℃,这是由于岩石原子间的振动波频率增大的幅度很小,变化不大。当温度大于 340 ℃之后,干砂比热容呈缓慢下降的趋势,下降速率远小于油砂,这是因为干砂中不存在原油,没有原油挥发所带来的影响,但是在温度升高的过程中干砂的胶结程度变差,基本已经稀疏成粒,且存在气体,气体的比热容小于岩石。

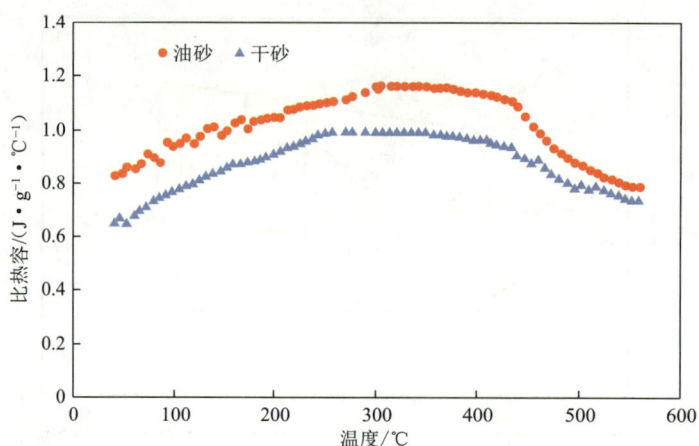

图 6-5-2　不同试样比热容与温度关系图

　　压力对岩石比热容的影响很小,饱和甲烷和水的砂岩在 32 ℃条件下压力从 0.1 MPa 上升至 21 MPa 时,比热容只增加 0.016 J/(g·℃),或者说,在通常实验室测试条件下,压力对比热容的影响程度在允许误差之内。这是因为压力增大时,只要未破坏岩石结构,就不会影响分子热运动状况,故不考虑压力对比热容的影响。

6.5.3　储层导热系数

　　导热系数又称热导率,是物质导热能力的量度,符号为 λ 或 κ。其定义为:在物体内部垂直于导热方向取 2 个相距 1 m、面积为 1 m² 的平行平面,若 2 个平面的温度相差 1 ℃,则在 1 s 内从一个平面传导至另一个平面的热量就规定为该物质的导热系数,单位为 W/(m·℃),即当温度垂直梯度为 1 ℃/m 时,单位时间内通过单位水平截面积所传递的热量。

　　如果没有热能损失,对于一个对边平行的块状材料,有:

$$E/t = \lambda A(\theta_2 - \theta_1)/l \tag{6-5-4}$$

式中　E——时间 t 内所传递的能量,J;

　　　λ——材料的导热系数,W/(m·℃);

　　　A——截面积,m²;

　　　l——长度,m;

　　　θ_2,θ_1——2 个截面的温度,℃。

　　在一般情况下,有:

$$dE/dt = -\lambda A d\theta/dl \tag{6-5-5}$$

　　导热系数很大的物体是优良的热导体,而导热系数小的物体是热的不良导体或热绝缘体。导热系数受温度影响,温度对干岩石导热系数的影响较小,而饱和油或水的岩石的导热系数均随温度升高而明显降低。

1）测定原理

岩石的导热系数一般是在实验室内测定的,对于松散物质可以就地测量。实验室导热系数测定方法分为稳态热流法和非稳态热流法(包括周期热流法和瞬时热流法)2种。稳态热流法一般需要较长的实验时间,且实验过程中湿土的水分在温度梯度作用下可能发生迁移,因此,一般采用瞬时热流法测定。瞬态热流法分为瞬态热源法与瞬态热线法2种。其中瞬态热源法又可分为瞬态热带法和瞬态热盘法,主要用于测定固体的导热系数;瞬态热线法主要用于测定液体的导热系数,是公认的测定导热系数最好的方法,也是国际上惯用的方法。

本实验所用仪器是 QTM 快速热导率测试仪,其工作原理基于瞬态热线法,测定时,仪器自动计算并显示其导热系数。在测定介质的导热系数时,将探针通一恒定电流,加热丝即可发出热量,此热量通过管壁向周围散出,管壁温度随时间不断升高。温度升高速率取决于介质的导热系数:导热系数越大,温度升高越慢;导热系数越小,温度升高越快。通过测定介质的温度升高速率即可求得介质的导热系数。实验装置及流程如图 6-5-3 所示。

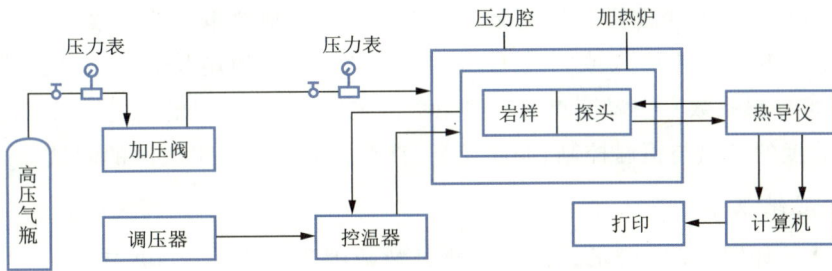

图 6-5-3　测定导热系数装置及流程图

对于被测介质,若初始温度分布均匀,金属丝的半径与其长度的比值足够小,并与周围介质紧密接触,介质无限大且各向物性相同,则介质的导热系数可用下式表示:

$$\lambda = \frac{q}{4\pi(T_2 - T_1)} \ln \frac{\tau_2}{\tau_1} \tag{6-5-6}$$

式中　λ——介质的导热系数,$W/(m \cdot ℃)$;

　　　q——单位长度金属丝加热功率,W/m;

　　　τ——金属丝加热时间,s;

　　　T——τ 时刻的温度,℃。

2）测定步骤

（1）岩石样品的准备。

根据样品室的规格,将岩样制成两块等体积的半圆柱状样品;两块相接岩样表面需用粒径小于 0.045 mm 的金刚粉研磨,要求平面度在被测面内小于 0.05 mm。岩样清洗、烘干按 GB/T 29172—2012 中的相关规定执行。

（2）测定准备及要求。

选取无机械损伤且与铜引线的电焊焊点连接牢固的铂丝，测量铂丝长度（精确到 ± 0.02 mm），与待测样品装配好后置于样品夹持器中；夹持器装配好后进行试漏，试压 1 h 压降小于 0.05 MPa 为合格；将样品夹持器置于冰水浴内 4 h 后测量铂丝电阻（精度为 0.001 Ω）。铂丝与样品室的绝缘程度大于 1×10^4 Ω。

（3）测定步骤。

① 将样品夹持器（高压釜）置于恒温浴中，并将测试线路与热导率测定主机相连。

② 按测试要求给样品加压。

③ 打开热导率测定装置电源，启动测试控制程序。

④ 输入参数，包括样品参数（井号、样号、井深）、检测条件参数（饱和度、压力）、铂丝探头参数（长度、电阻）、采样控制参数（采样点数、采样起始时间）、恒温时间、测试点间隔时间并设定程序控温梯度。恒温时间应在 1.5 h 以上，测试点间隔时间应在 10 min 以上。

⑤ 进入升温及恒温控制界面，自动进行升温及恒温。当温度波动小于 0.2 ℃时，即可调整桥路平衡。

⑥ 根据样品的种类选择加热电流。一般原油样品加热电流为 0.20 A 或 0.24 A，岩石样品加热电流为 0.42 A 或 0.50 A，饱和油水岩石样品加热电流为 0.50 A 或 0.60 A。

⑦ 测定导热系数。按温度点的导热系数测定完成后，打印出测定结果，自动进入下一个设定温度的升温与恒温控制，如此反复，直至完成整个测定温区的测试。

3）测定结果

测定结果如图 6-5-4 所示。砂岩导热系数范围为 0.74～2.08 W/(m·℃)，且随着温度的升高，无论是油砂还是干砂的导热系数均呈下降趋势。这是因为根据热机制理论，岩石的热能传输几乎全靠晶格振动，当温度升高时，晶格的振动幅度增大，导

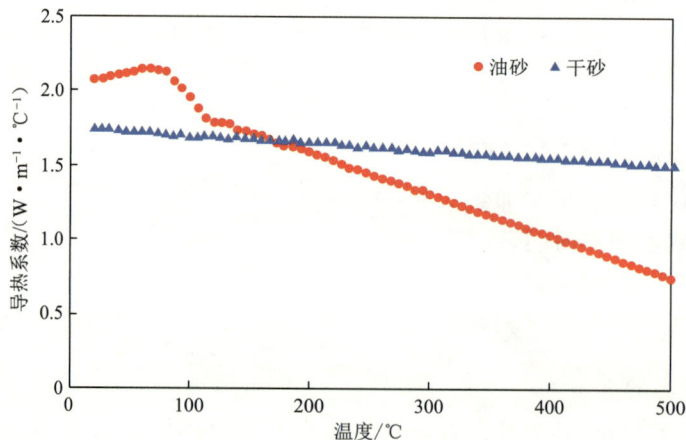

图 6-5-4 不同试样导热系数与温度关系曲线

致更大的非谐振荡而使热波的平均自由路程减小,从而使介质的导热系数降低。由于岩石的饱和态和矿物组分不同,温度对岩石导热系数影响的程度、变化规律均有很大的差异。温度对干岩石导热系数的影响较小,而饱和油的岩石的导热系数随温度升高明显降低。

当温度上升到 167 ℃之前,油砂的导热系数大于干砂,即在较低温度下油砂的传热性能较干砂好,这对于火驱过程中的热量传递是非常有利的,因为在火烧驱油过程中,最初注入空气时油层温度较低,此时油砂较高的导热系数有利于热量的传递,能较快地加热注入井附近地层。随着温度的升高,原油开始发生裂解反应及高温氧化反应,注入井附近地层原油被消耗,相当于干砂。根据实验数据可知,当温度大于 167 ℃后干砂的导热系数大于油砂的,有利于热量传递。

6.6　本章小结

本章测定了储层相关热力学参数,如岩石比热容和导热系数,主要认识如下:

(1)岩石的比热容随着环境温度的升高而逐渐增大,当温度达到一定值(330～380 ℃)时比热容达到最大值,然后缓慢降低;干岩芯的比热容低于饱和流体岩芯的。根据测定结果可知,在油层燃烧过程中,其比热容取值在 $0.8\sim1.2/(J \cdot g^{-1} \cdot ℃^{-1})$ 之间。另外,考虑储层胶结疏松,比热容的变化范围可能更大。

(2)岩石的导热系数随着温度的升高而降低,饱和流体岩芯的导热系数的下降速度大于干岩芯的。根据其变化趋势,燃烧过程中储层的导热系数为 $0.8\sim1.3$ W/(m·℃)。

(3)储层经过高温火驱后,矿物组分发生了显著的变化,首先黏土矿物中碳酸盐组分含量大大降低,从岩石外观颜色的变化来看,发生了明显的矿化反应,含铁的矿物组分以氧化物形式析出,导致其颜色呈砖红色,表明储层中产生了高温环境(700 ℃以上)。

第 7 章
物理模拟与数值模拟相结合研究 THAI 火驱过程

火烧油层技术是稠油、超稠油油藏开发的重要工艺技术,由于火驱机理复杂,目前的认识仍不够深入,施工风险较大,在采取措施前应对多种设计方案进行模拟计算,为现场提供可靠的资料。

由于火烧油层采油技术的矿场生产动态数据较少,没有足够可靠且有效的参数值辅助开展室内三维物理模拟实验,故本章试图通过数值模拟的方法确定相关参数,如注气速度、注采井距等。将前人通过燃烧池实验、燃烧管实验等计算得到的轻质油/重质油活化能、指前因子等数据代入数值模拟软件中,模拟 THAI 火驱的生产运行。经反复修改和调试,获得一套有效、合理的火驱数值模拟数据体,为 THAI 火驱物理模拟实验及更深入的机理研究提供参考。

2009 年新疆红浅 1 井区开始实施直井面积井网条件下的火驱现场试验,2011 年中国石油在新疆风城油田重 18 井区又开展了 THAI 火驱先导试验,并开始部署直平组合井网。在开展物理模拟实验过程中,先后发现:① THAI 火驱井网条件下,注气速度和直井到水平井趾端的水平井距对 THAI 火驱影响比较大;② 火驱过程中油墙形成时的驱替阻力可能对火线推进速度和采收率产生很大的差异。因此,采用数值模拟方法来研究现场尺度下上述因素对火驱的影响,对火驱的机理认识和现场方案设计具有一定的参考意义。

相比于物理模拟实验,数值模拟实验能够轻松进行生产动态刻画、生产数据搜集和实验过程控制,更有利于对火驱的驱替机理进行详细深入的研究。笔者针对风城稠油,根据物理模型尺寸及油砂的孔渗饱和参数建立了数值模型,并对实验结果进行了历史拟合,大大增加了实验结果的可信度。

7.1 构建数值模型

7.1.1 网格模型

数值模拟实验使用 CMG-STARS 软件构建模型,网格数为 $I \times J \times K = 37 \times 23 \times 23 =$

19 573,每个网格的尺寸为 1.5 cm×1.5 cm×1.5 cm。为了与物理模拟实验结果的拟合更加精确,对模型边界的网格进行了加密,并且对部分边界网格进行了无效化处理,得到了水平放置的圆柱体模型,使数值模型和实际物理模型的尺寸和外形实现了高度匹配,如图 7-1-1 所示。

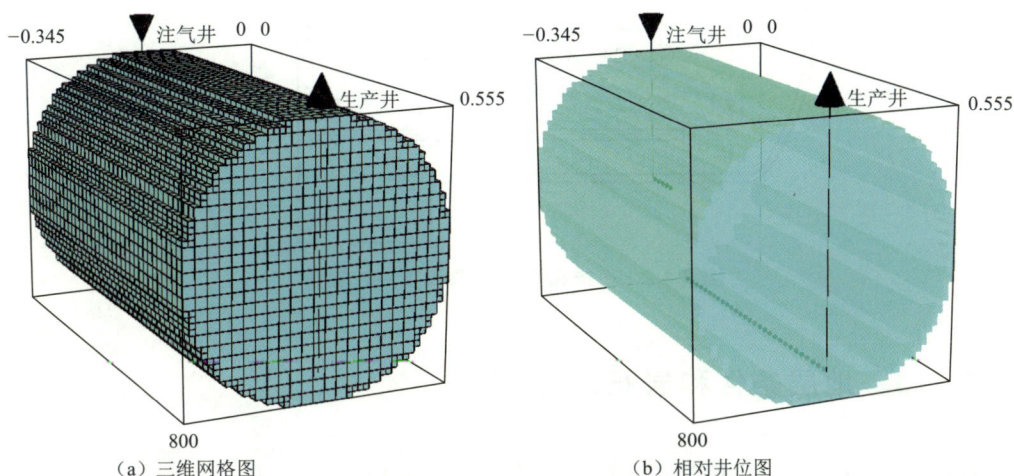

（a）三维网格图　　　　　　　　　　（b）相对井位图

图 7-1-1　THAI 火驱模型示意图

图中的数据表示坐标位置,其中一个为坐标原点(0,0);模型内径 36 cm,考虑到保温措施,将内壁涂覆一层厚度 0.75 cm 的高温水泥涂层,这样有效内径为 0.345 m;模型的中心轴线方向的最大长度为 65 cm,水平井的跟端距模型底端平面的距离为 0.555 m;假设将模型放置在埋深 800 m 的地下,相比于地层深度,模型顶底的压力差可以忽略,所以在 Z 方向的数值均标记为 800 m

7.1.2　井位和温度点分布

模型中采用一个长 10 cm 的注气井和一个水平生产井,两井的水平间距为 6 cm,位置如图 7-1-1 所示。注气井周围设有加热器对注入气体进行预热,预热温度稳定在 600 ℃,与物理模拟实验一样。预热时通过注气井向模型内部注入 N_2,注入速度为 2 L/min。实验开始后转注空气,并逐渐将流量提升至 8 L/min。

模型本体为一个水平放置的圆柱体。圆柱体由哈氏合金打造,长 650 mm,直径 360 mm,壁厚 10 mm,能够承受 3 MPa 的工作压力和最高达 700 ℃ 的温度。模型内两侧均匀排布三层热电偶,用于对模型内部的温度变化进行监测,并用数字 3～18 依次标记(图 7-1-2,加热器内部的热电偶和参比热电偶用数字 1 和 2 标记)。注气井周围也布有热电偶以监测注入气体的温度。模型左端有一个长 10 cm、直径 1.6 cm 的注气井,注气井内嵌有加热装置,用于对油砂前端进行预热。距模型底 50 mm 处安置一段直径为 14 mm 的水平井,水平井长度可以根据实验需要进行调整,本实验将注采井距设置为 6 cm,如图 7-1-2 所示。

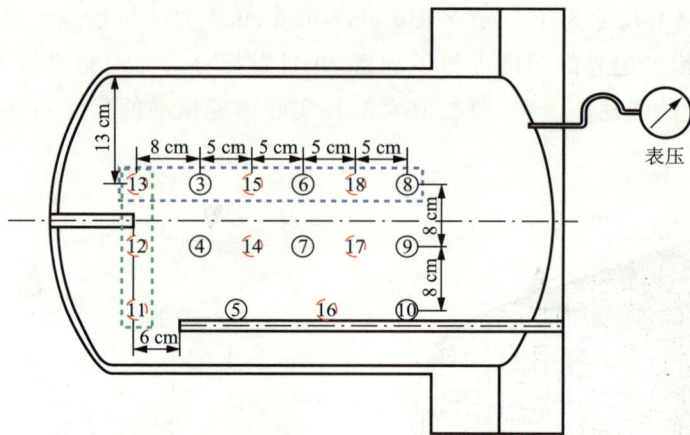

图 7-1-2　三维模型热电偶和布井位置图

7.1.3　地层条件和岩石、流体性质

地层条件和岩石性质见表 7-1-1，相渗曲线如图 7-1-3 所示。

表 7-1-1　地层条件和岩石性质

参　数	数　值	参　数	数　值
初始地层压力	0.1 MPa	初始地层温度	20 ℃
渗透率	8.59 μm^2	孔隙度	0.396
岩石压缩系数	5.7×10^{-3} MPa^{-1}	岩石导热系数	6.0×10^5 J/(m·d·℃)
水相导热系数	5.35×10^4 J/(m·d·℃)	油相导热系数	1.2×10^4 J/(m·d·℃)
气相导热系数	3.2×10^3 J/(m·d·℃)	固相导热系数	7×10^4 J/(m·d·℃)

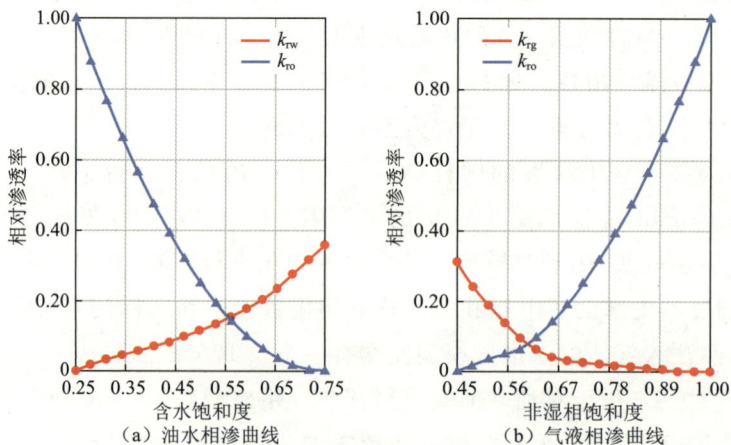

（a）油水相渗曲线　　（b）气液相渗曲线

图 7-1-3　相渗曲线

k_{rw}, k_{ro}, k_{rg} 为水相相对渗透率、油相相对渗透率、气相相对渗透率

7.1.4　组分性质

原油组分十分复杂,其包含的烃类物质的碳原子数分布范围十分宽泛。在 THAI 火驱过程中,一旦氧气与原油中的重质组分接触,就会发生多种氧化反应。理论上,为了保证数值模拟实验的精确性和可靠性,应当尽可能多地将所有原油组分划分出来,但是这样做会给计算机带来巨大的运载负荷和漫长的计算时间。因此,合理划分原油的组分是进行火驱数值模拟实验的前提。笔者基于实沸点蒸馏技术,将沸点低于 300 ℃和高于 300 ℃的原油馏分划分为轻质油和重质油两种拟组分。通过实验研究发现,原油馏分中的碳原子数与生成气体 CO 和 CO_2 总产量之间存在线性关系,基于此可以获得轻质油和重质油两种拟组分的平均碳原子数和分子式,并使用 Phillips 总结的公式计算出它们的临界压力和温度。基于以上研究,将参与燃烧反应的物质分为四相七组分:油相,包括轻质油、重质油;气相,包括 O_2、CO_2、惰性气体;水相为 H_2O;固相为焦炭。表 7-1-2 列出了实验中应用的原油组分数据,图 7-1-4 为原油组分的黏温曲线。

表 7-1-2　原油拟组分及其性质

组　分	平均碳原子数	临界压力 p_c/kPa	临界温度 T_c/℃	摩尔质量 /(kg·mol^{-1})	含量(摩尔分数) /%	密度 /(kg·m^{-3})
重质油	46	1 145.83	688.04	0.6520	0.85	981.66
轻质油	17	2 241.91	458.32	0.214 7	0.15	828.24

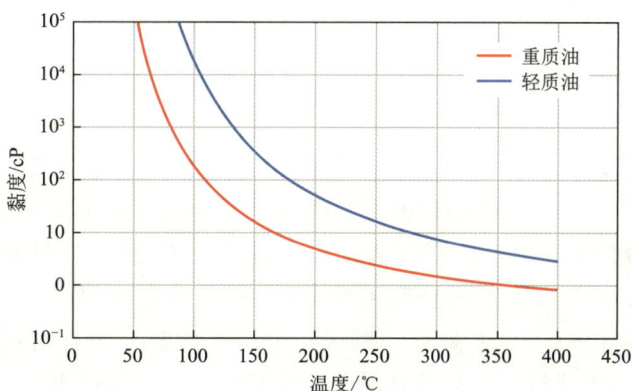

图 7-1-4　原油组分的黏温曲线

1 cP= 10^{-3} Pa·s

7.1.5　反应动力学参数

综合考虑原油和氧气在多孔介质中发生的化学反应,设计了四步反应方程:
(1) 1 重质油——→2 轻质油+17.12 焦炭

（2）1 重质油＋20.95O_2 ⟶13.3H_2O＋12.58 焦炭＋20.6 CO_2＋0.4CO

（3）1 轻质油＋4.17O_2 ⟶4.3H_2O＋4.16 CO_2＋3.1CO

（4）1 焦炭＋1.14O_2 ⟶0.5H_2O＋0.791 CO_2＋0.2CO

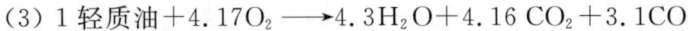

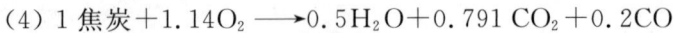

方程（1）到方程（4）发生在整个 THAI 火驱过程当中，各个反应的活化能、指前因子和反应热焓是数值模拟中的关键参数。

为确定方程（1）到（4）的反应动力学参数，需要进行燃烧池实验。使用该原油的拟分进行至少 3 组不同升温速率（3.83 ℃/min，2.40 ℃/min 和 1.60 ℃/min）的燃烧池实验，获得温度和产出气体组分等信息，再使用 Friedman 方程和等转化率法计算出指前因子和活化能。根据轻质油的等效分子式 $C_{17}H_{36}$，可以使用定义式（7-1-1）计算出方程（3）的反应热焓，其他参数基于燃烧实验和经验公式计算出来，计算结果汇总见表 7-1-3。

$$Q = \left(\sum E_i \right)_{生成物} - \left(\sum E_i \right)_{反应物} \tag{7-1-1}$$

式中　Q——反应热焓，kJ/mol；

E——键能，kJ/mol。

表 7-1-3　四步反应方程的动力学参数

反　　应	指前因子/(kPa·min^{-1})	反应热焓/(kJ·mol^{-1})	活化能/(kJ·mol^{-1})
（1）	4.17×10^{19}	43	240
（2）	3.02×10^{6}	400	70
（3）	3.02×10^{7}	100	80
（4）	8.17×10^{5}	600	30

7.1.6　边界条件

为了进行物理模拟实验，所有的边界网格都不设置任何流动边界条件。生产井的初始注气速度设定在 2 L/min，随后的 2 h 内逐步上升到 8 L/min 并持续到实验结束。生产井的井底压力为 1.2 MPa。同时假设在实验过程中，热损失只发生在模型的边界网格处。由于没有物质从边界网格流入或流出，所以设定热损失仅通过热传导发生。通过反复实验选择导热系数，直到数值模拟实验结果能够与所有物理模拟实验测量结果实现较好的匹配，最终选定的导热系数为 3.5×10^{-4} W/(cm·K)。

7.2　数值模拟实验的历史拟合

相比物理模拟，数值模拟在生产动态刻画和生产数据搜集上具有很大的优势，但是其结果具有很高的不确定性，因此对数值模拟实验结果进行历史拟合以提高其精确度是十分有必要的。拟合效果的好坏可以使用拟合优度 R^2 来检验。R^2 衡量回归方程整体的拟合度,用于检验实际观测数据与依照某种假设或模型计算出来的理论观测数据之间的一致性。R^2 越接近 1,说明该模型对观测值的拟合程度越好。

7.2.1　累积产油量

累积产油量是评价 THAI 驱油效果的重要指标,因此历史拟合应尽可能准确。从图 7-2-1 中可以看出,累积产油量的数值模拟实验结果与物理模拟实验结果显示出良好的一致性,尤其是 8 h 之后,实现了较高的匹配程度。通过计算,得到拟合优度 R^2 为 0.88。总体而言,除早期产油阶段外,累积产油量的所有趋势变化均能准确预测出来。

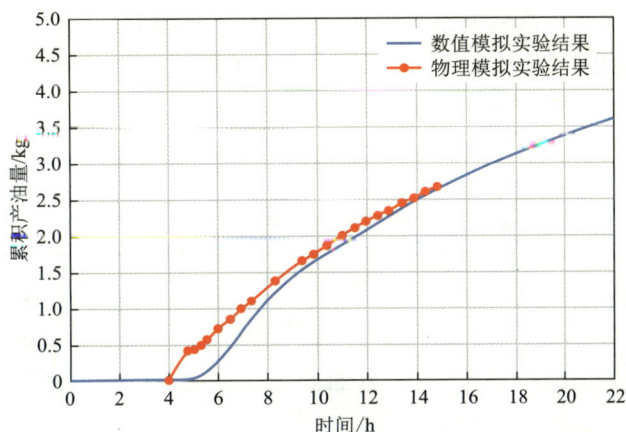

图 7-2-1　累积产油量变化图

7.2.2　产出气体组分浓度

产出气体组分浓度(质量分数)是监测火驱过程中燃烧状态的重要指标。如图 7-2-2 所示,在整个实验过程中数值模拟实验结果和物理模拟实验结果的拟合效果不够理想,

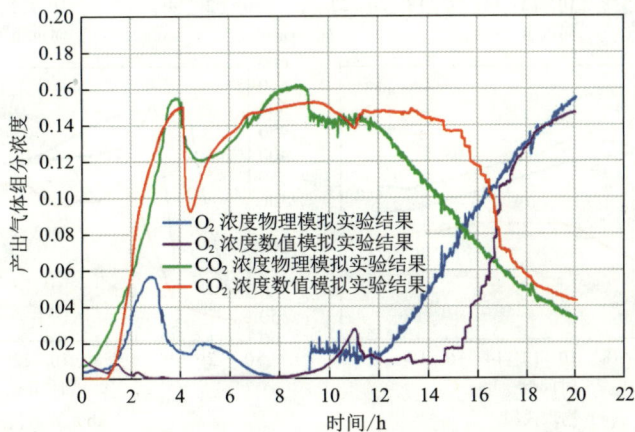

图 7-2-2　产出气体组分浓度变化图

拟合优度 R^2 只有 0.58,但是大致的趋势是一致的。通过对比发现,数值模拟实验结果未能准确预测出 O_2 浓度开始大幅升高的时间,相比于物理模拟实验结果,数值模拟实验结果在 12 h 有 2 h 的滞后。这可能是由于物理模拟的实验过程较复杂,填砂过程造成的未知的储层非均质性对实验结果的影响非常大。

7.2.3 温度点变化过程

监测模型内部不同位置处的温度变化有助于了解温度场的变化规律。在图 7-1-2 中的蓝色和绿色虚线框中清楚地标记了这些监测点的排列方式,T13,T3,T15,T6,T18,T8 为模型上部横向排列的温度监测点;T13,T12,T11 为靠近注气井纵向排列的温度监测点。根据表 7-2-1 所示的拟合结果,虽然存在一定的偏差,但是从图 7-2-3 中可以看出,物理模拟实验结果与数值模拟实验结果的整体温度变化趋势还是比较一致的。出现偏差可能是由于填充油砂的非均质性差异和化学反应的设定误差。

表 7-2-1 模型温度监测点的拟合检验

温度监测点	模型上部						模型左端		
	T13	T3	T15	T6	T18	T8	T13	T12	T11
拟合优度 R^2	0.85	0.74	0.65	0.67	0.91	0.96	0.85	0.69	0.74

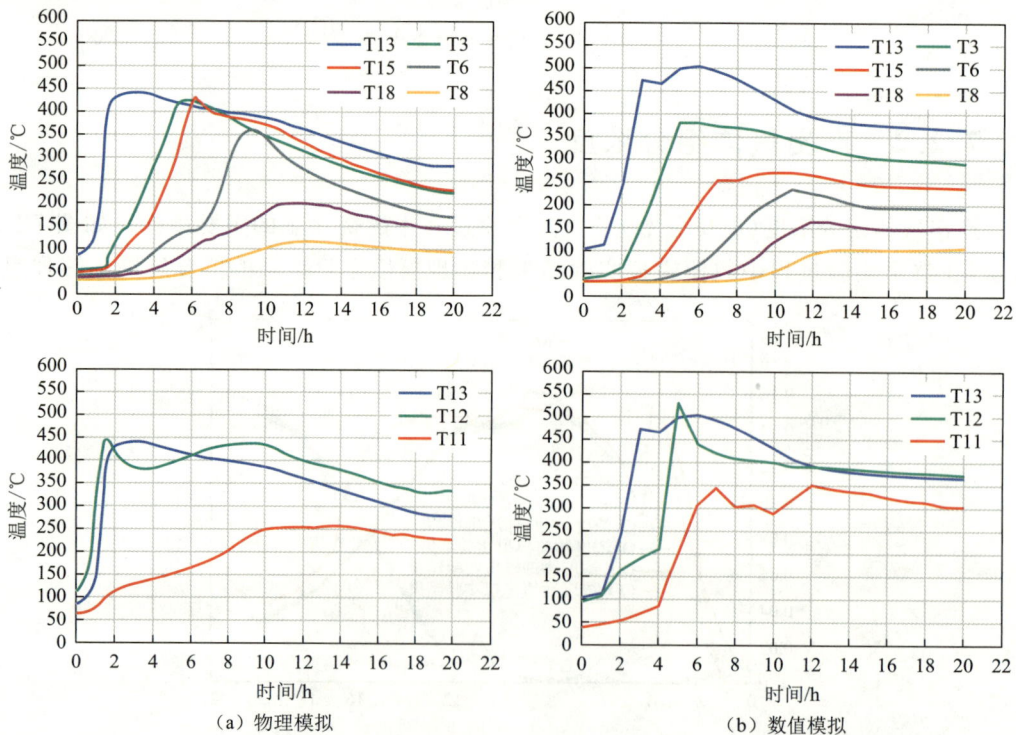

（a）物理模拟　　（b）数值模拟

图 7-2-3 测温点的温度变化图

综上,数值模拟实验结果的拟合效果较好,在累积产油量、产出气体组分浓度和测温点温度方面均达到了较好的拟合度。

7.3　结焦带的演变规律研究

在高温条件下,原油中的轻组分被蒸发,剩下的重组分在火线前方发生化学反应而生成焦炭。焦炭作为维持燃烧状态的首要燃料来源,其分布对 THAI 火驱过程中火线的传播有很大影响。因此,研究结焦带的形态特征和演变过程有利于深入了解 THAI 火驱中燃烧状态的变化。

7.3.1　结焦带的结构特征

图 7-3-1(a)显示了注气井附近的结焦带横截面物理模拟和数值模拟实验结果对比。可以看出,数值模拟实验中的结焦带结构和分布与物理模拟实验结果非常相似。受重力作用影响,焦炭主要向下沉积,导致下部的结焦带厚度较大,质量浓度较高。在模型上部产生的结焦带多为焦炭燃烧后剩余的残渣,所以厚度相对薄,质量浓度较低,这说明其固结强度较弱。根据物理模拟实验的测量结果,点火器下方 7 cm 处形成了最大厚度为 5 cm 的结焦带,同时是焦炭质量浓度最高的地方,达到 2 713 kg/m³。数值模拟结果显示,焦炭的分布范围很广,焦炭质量浓度在生产井位置附近达到峰值,并且从模型的中心轴向着模型内壁逐渐减小。

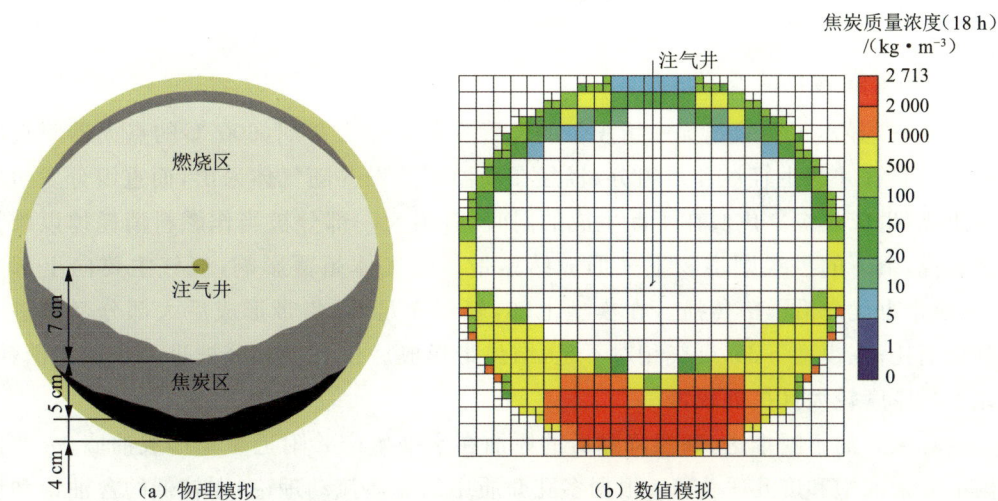

（a）物理模拟　　　　　　　　　（b）数值模拟

图 7-3-1　注气井附近的结焦带横截面对比

图 7-3-2 显示了结焦带纵向截面物理模拟和数值模拟实验结果对比。可以看出,结

焦带在靠近生产井的位置处存在一个明显的拐点,将其分为两个部分:水平段和倾斜段。结焦带的倾斜段厚度范围为 $4.2 \sim 5.0$ cm,倾斜角度为 $49°$ 到 $65°$。从数值模拟实验结果可以看出,倾斜段的焦炭质量浓度变化范围为 $0 \sim 500$ kg/m³,并且从结焦带内侧向外侧逐渐降低。相比于倾斜段,结焦带水平段的厚度很大,尤其是模型最左端。该处位于注气井后端,是典型的死油区,并且在实验过程中该处的氧气含量一直很低,导致焦炭的氧化燃烧反应较弱,因此位于该处的结焦带厚度最大,约 9 cm。值得注意的是,结焦带的最小厚度位于水平生产井趾端上方约 2.0 cm 处,同时该处是焦炭质量浓度最高的区域。从 Ado 的实验结果中也能发现,模型下部结焦带的厚度和焦炭质量浓度均要高于上部。

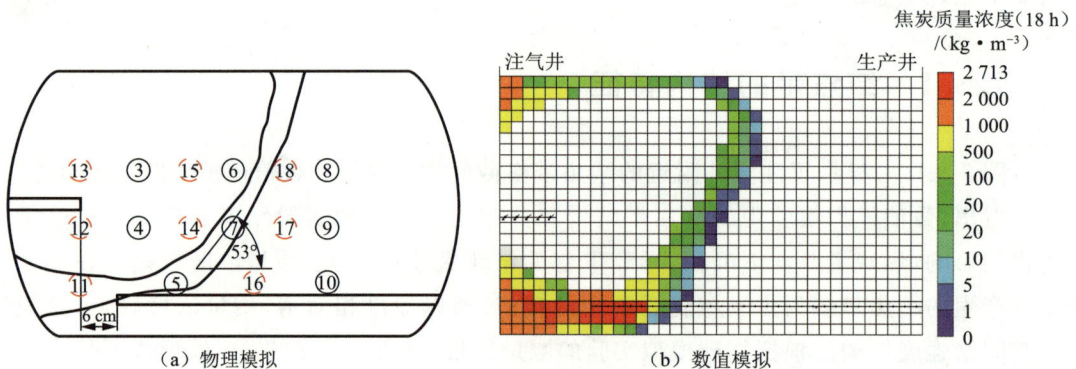

图 7-3-2　结焦带的纵向截面对比

7.3.2　结焦带的演变特征

1) 结焦带的位置变化

图 7-3-3 显示了实验过程中结焦带的位置变化。点火初期,600 ℃的点火器附近的稠油发生裂解并产生轻烃和重组分,轻烃在高温下蒸发并随气体采出,而重组分发生裂解与焦化,生成焦炭。焦炭在不断生成的同时,有很大一部分被当作燃料消耗掉以维持稳定燃烧,余下的焦炭则堆积下来形成结焦带。受气体超覆影响,氧气主要向上部超覆,结焦带也优先沿上部传播。在模型上部,氧气充足,结焦带形成后大部分又被进一步燃烧消耗;在模型下部,氧气相对不足,结焦带形成后仅有少部分被进一步燃烧消耗,因此堆积厚度较大且扩展较慢。

随着火腔的不断推进,高温降黏后的原油在水平生产井附近聚集形成油墙,火腔区域内的残余油饱和度几乎为 0。根据多孔介质中的流体流动理论,在较低的含油饱和度下,气体将传播得更快。实验后期,由于大量原油被采出,油墙变薄,生产井附近产生优势渗流通道,注入气体会直接从注气井进入生产井。当注入气体在水平井趾端突破后,该处成为新的泄压点,引导氧气和火线向模型下部运移,结焦带的反应速率加快,向模

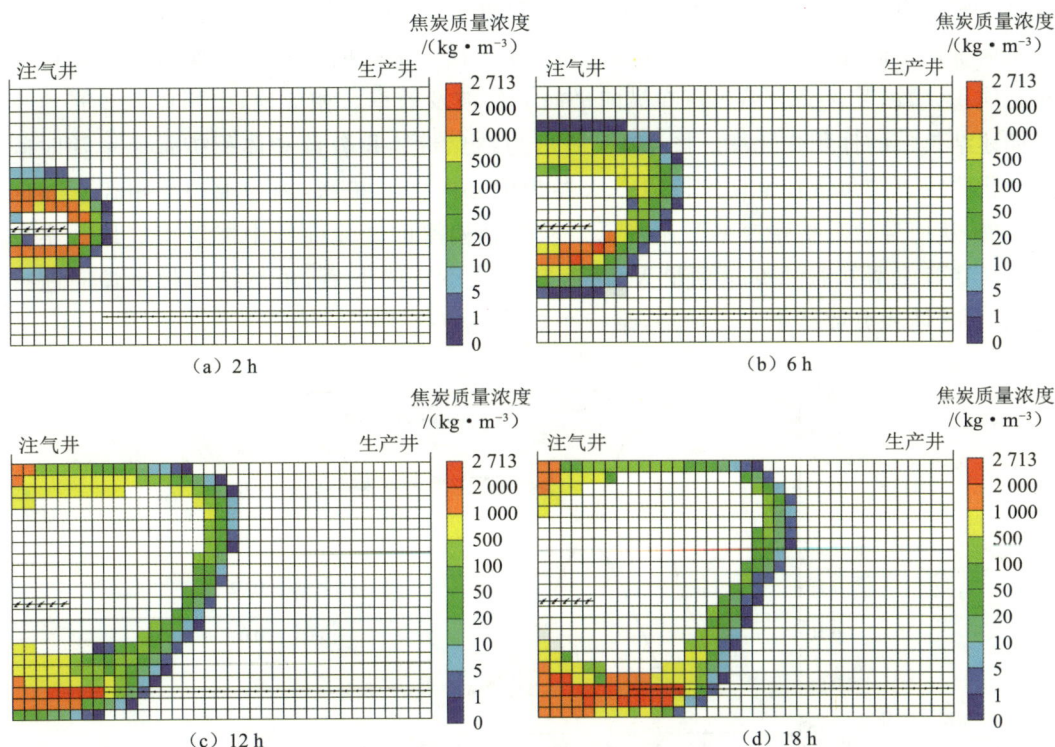

焦炭质量浓度
/(kg·m⁻³)

（a）2 h

（b）6 h

（c）12 h

（d）18 h

图 7-3-3 结焦带的位置变化

型下部扩展的速度也加快。相应地，在靠近水平井的位置能够检测到氧气含量的显著增加和升温速率的显著增大，水平井趾端温度上升到 300 ℃以上，可见充足的空气通量促进了焦炭的燃烧反应。随着向下流动的空气量增加，火线的传播方向从向前和向上转变到向下，形成了结焦带的最终结构。最后，进入水平井的气体中氧气含量大幅增加，当超过 16% 时，THAI 火驱实验结束。

2）结焦带的体积变化

在数值模拟中，焦炭被认为是固定的固体组分，不会参与流动，因此结焦带的传播过程其实就是焦炭的生成和消耗过程。较大的升温速率将导致较高的焦炭生成速率，而较大的空气流量将导致较高的焦炭消耗速率。在 THAI 火驱过程中焦炭一直重复着生成和消耗的过程，使结焦带看起来像是在沿着不同方向以不同的速度移动。

空气流量是指单位时间内空气流经单位火线燃烧面积的体积量，它是影响焦炭生成和高温氧化反应速率的关键因素。空气经点火器和已燃区到达火线附近的高温区域，参与到高温氧化反应过程并生成大量 CO 和 CO_2。反应过程中产生的混合高温气体统称为烟道气，主要由惰性气体、碳氧化合物以及蒸汽组成。烟道气在下游的低温区域中冷却，同时相变成轻烃和蒸汽。烟道气在流动的同时发生着传质传热过程，将温度传递到火线的下游区域，为该区域结焦带的形成提供了合适的氧气燃料和温度。在稳定产油时期，随着火腔体积的增大，火线表面上的空气流量由初始的 26.64 m³/min 降为

21.40 m³/min,正是稳定的氧气供给为结焦带和和火线的传播提供了充足的动力。

为了定量研究结焦带的动态演变过程,将含有焦炭的网格数与总网格数的比值定义为体积分数,其含义为结焦带在纵向平面上的波及效率。相应地,引用体积扩张速率来描述结焦带的体积变化率。图 7-3-4 所示为结焦带体积分数和体积扩张速率随时间的变化曲线。结焦带在早期阶段以点火器为中心向四周扩张,因为上边界阻碍了其向上发展,从而导致其扩张速率开始降低。从扩张速率的变化曲线中能够很好地观察到这一转变,7 h 处扩张速率达到最大,然后开始减小。13 h 后,虽然结焦带缓慢向前推进,但是其体积分数基本不再增加,维持在 0.25 左右。

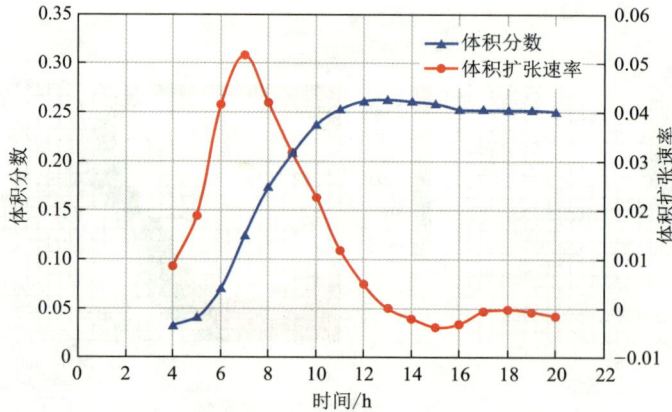

图 7-3-4　结焦带体积分数和体积扩张速率随时间的变化曲线

7.3.3　注采井距对结焦带的影响

焦炭量对火腔的发育起着至关重要的作用。焦炭量过少时会导致燃料不足,火线无法维持稳定燃烧;焦炭量过多时会堵塞岩石孔隙,增大渗流阻力。结焦带的生成和演变是多种因素(如原油性质、地层条件、井位布置、生产参数等)共同作用的结果,因此结焦带是研究 THAI 火驱生产状态的最佳"化石"。下面通过设计不同条件的方案来模拟 THAI 火驱过程,以研究注采井距对结焦带的影响。

1)实验方案

通过调整水平生产井的长度来研究注采井距对结焦带的影响。如图 7-3-5 所示,每个网格长度为 1.5 cm,将模型中的水平生产井长度分别重新设置为 39 cm,36 cm,30 cm,27 cm,对应的注气井与水平生产井的横向距离(记为 X)分别为 0 cm,3 cm,9 cm,12 cm,原模型中的注采井距 X 为 6 cm。通过 5 组实验研究不同注采井距条件下的结焦带结构特征。

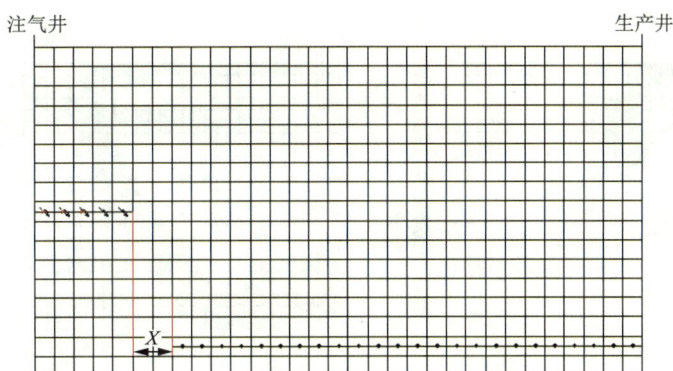

图 7-3-5　注采井距示意图

2）结焦带的形状变化

图 7-3-6 所示为不同注采井距下的结焦带形状。可以明显看出，注采井距对结焦带的影响主要体现在焦炭质量浓度和下部结焦带的厚度上。结焦带的焦炭质量浓度随注采井距增大而降低，在水平段尤为明显，并且生产井趾端附近焦炭的高质量浓度区域面积缩小。倾斜段的厚度没有明显变化，但是焦炭质量浓度也随注采井距增大而降低，当注采井距为 12 cm 时其质量浓度低到 50 kg/m³ 以下，可见焦炭已所剩无几。由于大注采井距下的气窜通道比小注采井距下的长，所以 $X=12$ cm 时的气窜时间比 $X=0$ cm 的晚了 2 h 多（表 7-3-1）。该时间段内上部焦炭仍然发生燃烧反应，但是燃烧面的空气流量已经低于 13 m²/min，不足以维持火线的稳定燃烧，因此温度下降。原油的热裂解反应对温度较为敏感，温度下降导致原油的结焦反应速率变慢，焦炭的生成速率小于其消耗速率。

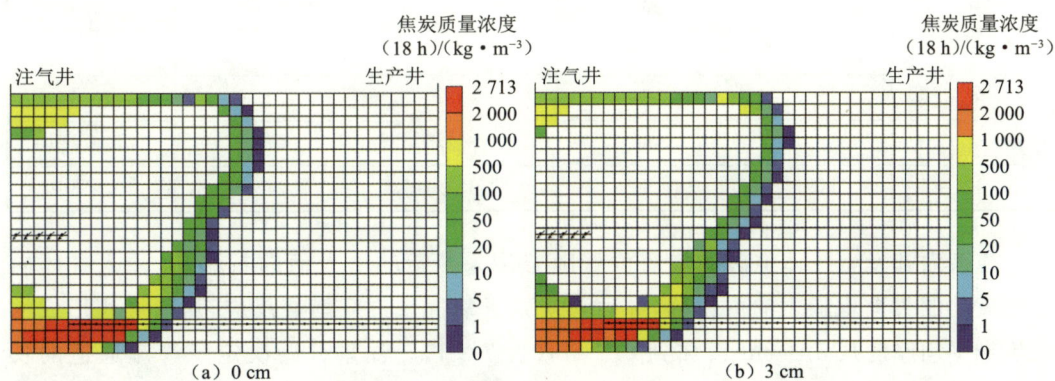

图 7-3-6　不同注采井距下的结焦带形状

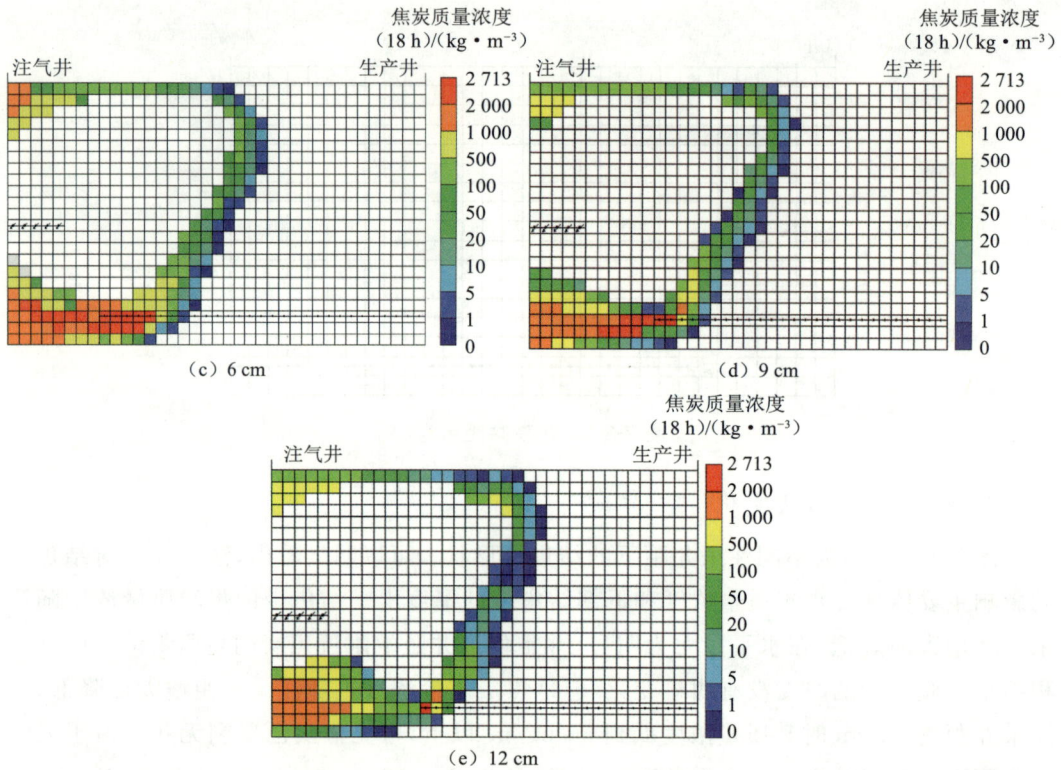

(c) 6 cm

(d) 9 cm

(e) 12 cm

图 7-3-6(续) 不同注采井距下的结焦带形状

表 7-3-1 不同注采井距下结焦带的形态特征数据

注采井距 X /cm	平均厚度 /cm	倾斜角 /(°)	平均焦炭质量浓度 /(kg·m⁻³)	生产井趾端 最高温度/℃	采收率 /%
0	5.1	63	513.6	471.5	22.5
3	5.6	64	478.9	383.1	23.9
6	5.6	66	423.7	325.3	25.8
9	6.4	66	352.8	271.7	26.2
12	6.7	67	153.4	245.3	26.5

　　模型内部发生气体突破的气窜位置随着注采井距的增大而向右移动,注入气体向下部流动的方向也随之向右偏移,导致焦炭缺乏氧气来进行燃烧反应,从而堆积形成的结焦带平均厚度从 5.1 cm 增加到 6.7 cm(表 7-3-1)。注采井距决定了渗流通道的长度,随着注采井距的增大,气体从注气井流动到生产井的距离增加,该过程增大了渗流阻力,有效延迟了气窜时间,因此采收率随着注采井距增大而增大。由于 12 h 后气窜改变了气体流动方向,火腔表面的空气流量都低于 13 m²/min,无法维持火线的稳定燃烧,所以结焦带的最远水平传播距离基本在 52 cm 左右。气窜位置都位于生产井趾端附近,随着气窜位置的偏移,生产井趾端的最高温度也随之发生变化。当注采井距为 0 cm

时,最高温度达 471.5 ℃;随着注采井距增大,最高温度随之降低,当注采井距为 12 cm 时最高温度只有 245.3 ℃。最高温度的降低反映出作为主要燃料的焦炭量的减少,因为生产井附近聚集的原油多为经过高温改质后的轻质油,经结焦反应生成的焦炭量十分有限。

3) 结焦带的体积变化

图 7-3-7 所示为不同注采井距下的结焦带体积变化关系。可以看出,实验前期结焦带体积基本一致。之后由于发生气窜大量气体直接窜入生产井,火线因供气量不足而无法维持稳定燃烧,直接导致结焦带体积不再增大甚至出现下降。$X = 0$ cm 时最先发生气窜,所以结焦带的体积最小,体积分数最终为 0.23。$X = 12$ cm 下发生气窜的时间最晚,因此其结焦带体积最大,体积分数最高达到 0.28。

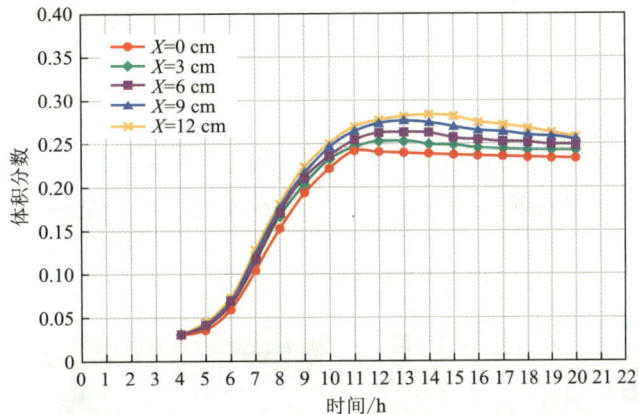

图 7-3-7　不同注采井距下的结焦带体积分数变化关系

另外,值得注意的是,从图 7-3-6 和表 7-3-1 中可以明显看出,结焦带的焦炭质量浓度随注采井距的增大而降低,这说明火线由稳定燃烧变为不稳定燃烧,部分焦炭未燃烧殆尽,仍留在多孔介质中。

综上所述,注采井距增大能够有效推迟气窜的发生,但是实验后期由于火线表面的空气供应不足会使火线的不稳定燃烧程度更加明显,导致焦炭质量浓度降低,使结焦带的分布范围变得更加分散。

7.3.4　注气速度对结焦带的影响

1) 实验方案

使用已验证的数值模型来研究注气速度对结焦带的影响。在原有数值模拟实验的基础上另外设计 4 组实验,实验条件如图 7-3-8 所示,2 h 的预热阶段内注气速度为 2 L/min 不变,点火之后 2 h 内注气速度逐级上升并分别稳定在 6 L/min,10 L/min,12 L/min 和

14 L/min，其中原数值模拟实验的注气速度为 8 L/min。

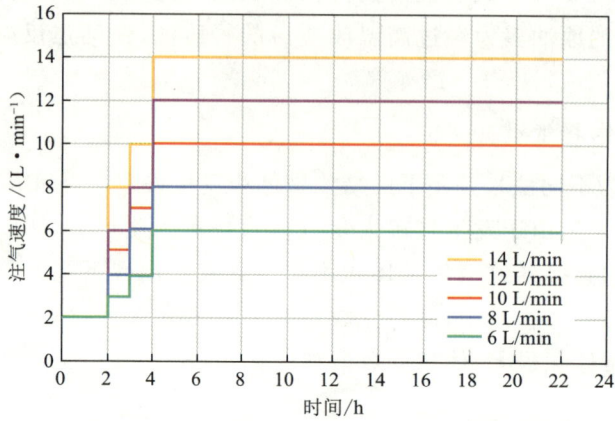

图 7-3-8　注气速度随时间变化关系

2）结焦带的形状变化

图 7-3-9 所示为不同注气速度下的结焦带形状。可以明显看出，结焦带主要沿模型上部传播，气窜的发生迫使模型下部的结焦带无法越过生产井趾端继续向前传播。

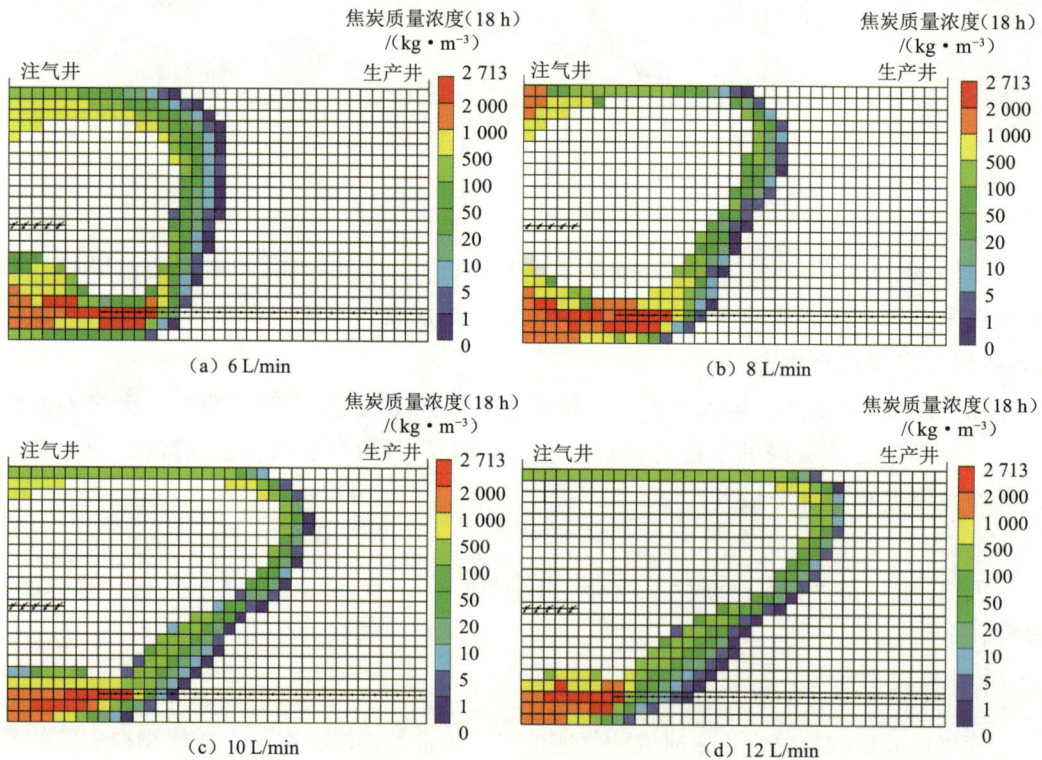

图 7-3-9　不同注气速度下的结焦带形状

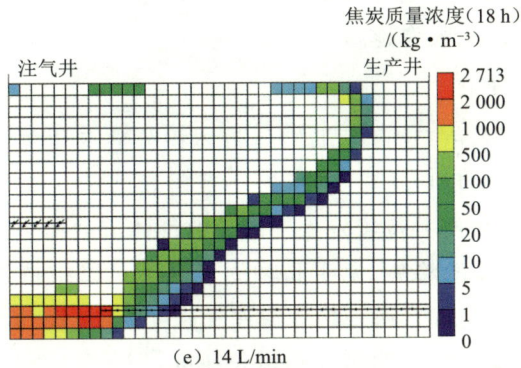

图 7-3-9(续)　不同注气速度下的结焦带形状

较大注气速度下的气体流动促进了焦炭的燃烧反应,加快了反应速率,因此火线的最远水平传播距离从 28.5 cm 增加到 48.0 cm(表 7-3-2)。随着高温改质的原油被采出,水平井附近的含油饱和度降低,导致气体密封效果变差,注入气体沿优势渗流通道直接流入生产井,如图 7-3-9(a)所示,在注气速度为 6 L/min 时在注气井和生产井之间有一条很明显的渗流通道。由于油气相渗变化,气体集中向下部流动,使稠油重组分的裂解反应速率加快,直接促进了焦炭在水平井附近的堆积。因此,井筒附近的高温区堆积形成的焦炭质量浓度远高于其他区域。

表 7-3-2　不同注气速度下结焦带的形态特征数据

注气速度 /(L·min⁻¹)	平均厚度 /cm	倾斜角 /(°)	平均焦炭质量浓度 /(kg·m⁻³)	水平传播最远距离 /cm	采收率 /%
6	6.1	77	489.5	28.5	20.7
8	5.6	65	423.7	34.5	25.8
10	5.2	52	270.1	40.5	30.1
12	5.2	45	256.6	42.0	30.6
14	5.1	38	224.5	48.0	30.9

随着火腔体积的不断扩大,当注气速度为 6 L/min 时,火线表面单位反应面积上的空气流量由初始的 23.76 m³/min 降为 7.56 m³/min。因为供气量不足,经原油组分氧化和裂解生成的焦炭无法充分进行燃烧反应,进而大量堆积形成结焦带,所以其平均焦炭质量浓度最高,为 489.5 kg/m³。当注气速度分别为 8 L/min,10 L/min,12 L/min,14 L/min 时,火线表面的空气流量均能维持在 13.45 m³/min 以上,充足的氧气供应保证了焦炭的燃烧反应,这种高效的放热反应为火线的稳定传播提供了充足的热量。注气速度的提升促使结焦带在水平方向上发育得越来越远,从 28.5 cm 达到了 48.0 cm,结焦带倾斜段的倾斜角从 77°下降到了 38°,大大增加了火腔的波及体积。其中,注气速度为 10 L/min 和 12 L/min 时的结焦带除了焦炭质量浓度的分布有不同外,其厚度和

倾斜角等形态特点非常接近。综上所述,注气速度越大,火线附近的氧气供应量越充足,火腔的波及体积越大,采收率越高。

3) 结焦带的体积变化

图 7-3-10 所示为不同注气速度下的结焦带体积分数变化关系。实验前期,在较高的注气速度下,稠油组分的反应速率更快,经一系列氧化反应和裂解反应生成的焦炭量明显增多。10 h 后,下部生产井位置发生气窜导致气体流动通道改变,结焦带体积增速明显降低,甚至出现了下降的趋势,说明此时的氧气不足以维持结焦带的持续生成,焦炭的消耗速率大于其生成速率。这一趋势在注气速度为 14 L/min 时最为明显,较大的注气速度的确能够获得更快的结焦带体积增长速度,但是气窜时间大大提前;发生气窜前结焦带的体积分数最高达到了 0.29,气窜通道和气体的高速流动使火线表面的供氧量急剧下降,制约了原油的结焦反应,因此大流量时焦炭的消耗速率也最快,最终结焦带的体积分数只有 0.22。当注气速度为 6 L/min 时,由于供气量很快出现不足,结焦带体积增长速度最慢,气窜后结焦带体积就不再变化,体积分数为 0.26。通过对比这几组实验的结焦带体积分数变化可以发现,较大的注气速度可使焦炭的生成速率和消耗速率加快,同时使气窜时间提前。

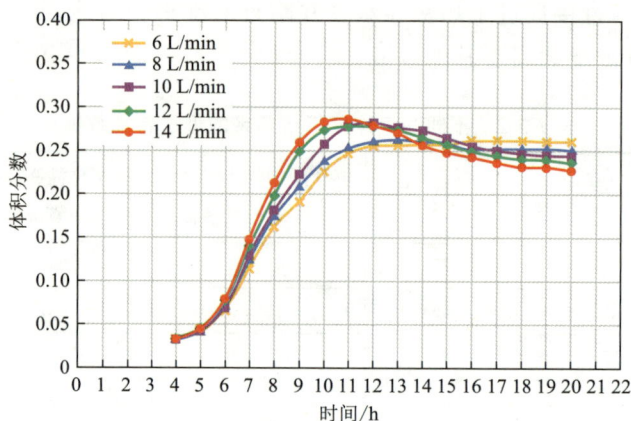

图 7-3-10 不同注气速度下的结焦带体积分数变化关系

7.4 本章小结

通过物理模拟实验和数值模拟实验对结焦带的结构和演变过程的研究,得到以下结论:

(1) 通过物理模拟实验得到的三维立体结焦带和数值模拟实验的结焦带进行对比发现,位于模型下部的结焦带的厚度和焦炭质量浓度均要高于上部,结焦带不同位置的焦炭质量浓度差异较大。结焦带最厚处位于模型最左端,约 9 cm;最薄处位于生产井趾端上方,约 2 cm,同时该处是焦炭质量浓度最高的区域。

(2) 根据数值模拟实验中结焦带的演变过程可以发现,点火初期,结焦带首先在点火器附近形成。因为空气充足,所以整体焦炭质量浓度较高。随着气体向上超覆,上部结焦带体积增大,但是因焦炭剧烈的氧化反应使焦炭质量浓度下降。随着结焦带向上扩展,未反应的焦炭向下部堆积,因此下部结焦带的焦炭质量浓度远高于上部。实验后期发生气窜,由于空气不足,结焦带的传播速度变慢,直至停止。整个过程中,结焦带的体积先急剧增大,气窜之后慢慢降低,最后基本不再变化。

(3) 注采井距对结焦带的影响主要体现在焦炭质量浓度和下部结焦带的厚度上。注采井距越大,结焦带的厚度越大,而焦炭质量浓度越低,这说明焦炭的燃烧反应进行得不够充分,导致焦炭部分剩余,分布范围变大。增大注采井距能够有效推迟气窜时间,增大采收率,并且降低生产井趾端的最高温度,防止井筒被烧坏。

(4) 注气速度对结焦带的形状和体积变化有重要影响。较小的注气速度会导致火线表面的供气量不足,使结焦带的传播速度变慢;较大的注气速度能够加快焦炭的反应速率,使结焦带的焦炭质量浓度下降。注气速度越大,火腔的波及体积越大,采收率越高,但是会导致过早气窜。

参 考 文 献

[1] 于连东.世界稠油资源的分布及其开采技术的现状与展望[J].特种油气藏,2001,
     8(2):98-103.

[2] 王弥康,王世虎,黄善波,等.火烧油层采油[M].东营:石油大学出版社,1998.

[3] 梁金中,关文龙,蒋有伟,等.水平井火驱辅助重力泄油燃烧前缘展布与调控[J].
     石油勘探与开发,2012,39(6):720-727.

[4] ZHAO R,YANG J,ZHAO C,et al. Investigation on coke zone evolution behavior
     during a THAI process[J]. Journal of Petroleum Science and Engineering,2021,
     196:107667.

[5] ZHAO R,YU S,YANG J,et al. Optimization of well spacing to achieve a stable
     combustion during the THAI process[J]. Energy,2018,151(3):467-477.

[6] 张敬华,杨双虎,王庆林.火烧油层采油[M].北京:石油工业出版社,2000.

[7] 蔡文斌,李友平,李淑兰,等.胜利油田火烧油层现场试验[J].特种油气藏,2007,
     14(3):88-90.

[8] 龚姚进.厚层块状稠油油藏平面火驱技术研究与实践[J].特种油气藏,2012,19
     (3):58-62.

[9] 刘佳欣.辽河油田稠油火驱新技术研究与应用[J].化工管理,2016(14):132.

[10] 王元基,何江川,廖广志,等.国内火驱技术发展历程与应用前景[J].石油学报,
     2012,33(5):909-914.

[11] 张方礼.火烧油层技术综述[J].特种油气藏,2011,18(6):1-5.

[12] 赵仁保,高珊珊,杨凤祥,等.稠油火烧过程中的活化能测定方法[J].石油学报,
     2013,34(6):1125-1130.

[13] 王国库.火烧油层热力采油过程的实验研究与数值模拟[D].大庆:东北石油大
     学,2011.

[14] ALEXANDER J D,MARTIN W L,DEW J N. Factors affecting fuel availability
     and composition during in situ combustion[J]. Journal of Petroleum Technolo-

gy,1962,14(10):1154-1161.

[15] BOUSAID I S,RAMEY H J JR. Oxidation of crude oil in porous media[J]. Society of Petroleum Engineers Journal,1968,8(2):137-148.

[16] DABBOUS M K,FULTON P F. Low-temperature-oxidation reaction kinetics and effects on the in-situ combustion process[J]. Society of Petroleum Engineers Journal,1974,14(3):253-262.

[17] BENHAM A L,POETTMAN F H. The thermal recovery process—An analysis of laboratory combustion data[J]. Journal of Petroleum Technology,1958,10(9):83-95.

[18] GRANT B F,SZASZ S E. Development of an underground heat wave for oil recovery[J]. Journal of Petroleum Technology,1954,6(5):23-33.

[19] DORRENCE S M,THOMAS K P,BRANTHAVER J F,et al. Analyses of oil produced during in situ reverse combustion of a Utah tar sand[J]. American Chemical Society,Division of Petroleum Chemistry,1977,22(2):324-344.

[20] FAROUQ A S M. A current appraisal of in-situ combustion field tests[J]. Journal of Petroleum Technology,1972,24(4):477-486.

[21] HOLST P H,KARRA P S. The size of the steam zone in wet combustion[J]. Nachrichten Aus Der Chemie,1975,29(7):448-450.

[22] ABU-KHAMSIN S A,BRIGHAM W E,RAMEY H J JR. Reaction kinetics of fuel formation for in-situ combustion[J]. SPE Reservoir Engineering,1988,3(4):1308-1316.

[23] VOSSOUGHI S,WILLHITE G P,EL-SHOUBARY Y,et al. Study of the clay effect on crude oil combustion by thermogravimetry and differential scanning calorimetry[J]. Journal of Thermal Analysis,1983,27(1):17-31.

[24] BABU D R,CORMACK D E. Effect of low-temperature oxidation on the composition of Athabasca bitumen—science Direct[J]. Fuel,1984,63(6):858-861.

[25] KÖK M V,Ö KARACAN,PAMIR R. Kinetic analysis of oxidation behavior of crude oil SARA constituents[J]. Energy & Fuels,1998,12(3):422-434.

[26] 蒋海岩,袁士宝,李杨,等. 稠油氧化阶段划分及活化能的确定[J]. 西南石油大学学报(自然科学版),2016,38(4):136-142.

[27] 罗玮玮. 基于 Friedman 方法的不同压力下稠油活化能的测定与分析[D]. 北京:中国石油大学(北京),2016.

[28] 唐君实,关文龙,梁金中,等. 热重分析仪求取稠油高温氧化动力学参数[J]. 石油学报,2013,34(4):775-779.

[29] 夏晓婷. 火烧后原油流体性质的变化及反应动力学行为[D]. 北京:中国石油大学(北京),2016.

[30] 张锐,邓君宇,任韶然,等.稠油低温氧化过程结焦行为实验[J].中国石油大学学报(自然科学版),2015,39(4):119-125.

[31] FAN C,ZAN C,ZHANG Q,et al. The oxidation of heavy oil:Thermogravimetric analysis and non-isothermal kinetics using the distributed activation energy model[J]. Fuel Processing Technology,2014,119:146-150.

[32] KÖK M V. Characterization of medium and heavy crude oils using thermal analysis techniques[J]. Fuel Processing Technology,2011,92(5):1026-1031.

[33] PENBERTHY W L JR,RAMEY H J JR. Design and operation of laboratory combustion tubes[J]. Society of Petroleum Engineers Journal,1965,6(2):183-198.

[34] 关文龙,蔡文斌,王世虎,等.火烧驱油中地层点火温度的精确测试方法[J].石油机械,2005,33(9):65-66.

[35] HASCAKIR B,GLATZ G,CASTANIER L M M,et al. In-situ combustion dynamics visualized with X-ray computed tomography[J]. SPE Journal,2011,16(3):524-536.

[36] 关文龙,蔡文斌,王世虎,等.郑408块火烧油层物理模拟研究[J].石油大学学报(自然科学版),2005,29(5):58-61.

[37] GARON A M,KUMAR M,LAU K K,et al. A laboratory investigation of sweep during oxygen and air fireflooding[J]. SPE Reservoir Engineering,1984,1(6):565-574.

[38] GREAVES M,ALSHAMALI O. In situ combustion ISC process using horizontal wells[J]. Journal of Canadian Petroleum Technology,1995,35(4):1-3.

[39] GREAVES M,TUWIL A A,BAGCI A S. Horizontal producer wells in in-situ combustion (ISC) processes[J]. Journal of Canadian Petroleum Technology,1993,32(4):65-74.

[40] BAGCI S,AYBAK T. A laboratory study of combustion override split-production horizontal well (COSH) process[J]. Journal of Canadian Petroleum Technology,2000,39(8):43-54.

[41] BAGCI S,SHAMSUL A. A comparison of dry forward combustion with diverse well configurations in a 3D physical model using medium and low gravity crudes[J]. Journal of Canadian Petroleum Technology,1994,38(13):1242-1253.

[42] 关文龙,席长丰,陈亚平,等.稠油油藏注蒸汽开发后期转火驱技术[J].石油勘探与开发,2011,38(4):452-462.

[43] 杨晓盈.三维大尺寸火驱物理模型初步设计及数值模拟实验研究[D].北京:中国石油大学(北京),2015.

[44] 关文龙,马德胜,梁金中,等.火驱储层区带特征实验研究[J].石油学报,2010,31(1):100-104.

[45] 刘慧卿. 热力采油原理与设计[M]. 北京:石油工业出版社,2013.

[46] 刘其成. 火烧油层室内实验及驱油机理研究[D]. 大庆:东北石油大学,2011.

[47] 王波,任海兵. 火烧油层采油技术基础研究及其应用[J]. 云南化工,2019,46(3):139-140.

[48] 赵仁保,邝斌全. 燃烧池实验装置、能够测定活化能的实验装置和测量方法:CN104122295B[P]. 2016-10-12.

[49] BURGER J G. Chemical aspects of in-situ combustion-heat of combustion and kinetics[J]. Society of Petroleum Engineers Journal,1972,12(5):410-422.

[50] 李迎春,邱国清,李伟忠,等. 王庄油田郑 408 块敏感性稠油油藏火烧驱油油藏工程研究[C]//山东石油学会地质专业委员会. 稠油、超稠油开发技术研讨会论文汇编. 昆明:稠油、超稠油开发配套技术研讨会,2005.

[51] 李少池,沈燮泉,王艳辉. 火烧油层物理模拟的研究[J]. 石油勘探与开发,1997,24(2):73-79.

[52] 杨德伟,王世虎,王弥康,等. 火烧油层的室内实验研究[J]. 石油大学学报(自然科学版),2003,27(2):51-54.

[53] 谢志勤,贾庆升,蔡文斌,等. 火烧驱油物理模型的研究及应用[J]. 石油机械,2002,30(8):4-6.

[54] 赵东伟,蒋海岩,张琪. 火烧油层干式燃烧物理模拟研究[J]. 石油钻采工艺,2005,27(1):36-39.

[55] 雷占祥,蒋海岩,张琪,等. 火烧油层传热特性室内实验研究[J]. 油气地质与采收率,2006,13(6):86-88.

[56] 杨俊印. 火烧油层(干式燃烧)室内实验研究[J]. 特种油气藏,2011,18(6):96-99.

[57] GREAVES M X X T. Underground upgrading of heavy oil using THAI "Toe-to-Heel Air Injection"[J]. SPE/PS-CIM/CHOA,2005,3:1-14.

[58] FASSIHI M R,BRIGHAM W E,RAMEY H J JR. Reaction kinetics of in-situ combustion:Part 2-modeling[J]. Society of Petroleum Engineers Journal,1984,24(4):408-416.

[59] CINAR M,CASTANIE R L M,KOVSCEK A R. Combustion kinetics of heavy oils in porous media[J]. Energy & Fuels,2011,25(10):4438-4451.

[60] THOMAS G W. A study of forward combustion in a radial system bounded by permeable media[J]. Journal of Petroleum Technology,1963,15(10):1145-1149.

[61] CHU C. Two-dimensional analysis of a radial heat wave[J]. Journal of Petroleum Technology,1963,15(10):1137-1144.

[62] CHEIH C. State-of-the-art review of fireflood field projects[J]. Journal of Petroleum Technology,1982,34(1):19-36.

[63] ONYEKONWU M O,PANDE K,RAMEY H J JR,et al. Experimental and simula-

tion studies of laboratory in-situ combustion recovery[C]. SPE 15090-MS,1986.

[64] PARRISH D R,CRAIG F F JR. Laboratory study of a combination of forward combustion and waterflooding the cofcaw process[J]. Journal of Petroleum Technology,1969,21(6):753-761.

[65] SMITH F W,PERKINS T K. Experimental and numerical simulation studies of the wet combustion recovery process[J]. Journal of Canadian Petroleum Technology,1973,12(3):44-54.

[66] GARON A M,WYGAL R J. A laboratory investigation of fire-water flooding [J]. SPE Journal,1974,14:537-544.

[67] BURGER J G,SAHUQUET B C. Laboratory research on wet combustion[J]. Journal of Petroleum Technology,1973,25(10):1137-1146.

[68] GREAVES M,TUWIL A A,BAGCI A S. Horizontal producer wells in in-situ combustion (ISC) processes[J]. Journal of Canadian Petroleum Technology, 1993,32(4):1425-1433.

[69] BAGCI A S,OKANDAN E. Dry and wet combustion studies of different api gravity crude oils from turkish oil fields[C]. PETSOC 88-39-58,1988.

[70] LAPENE A,CASTANIER L M,DEBENEST G,et al. Effects of water on kinetics of wet in-situ combustion[C]. SPE MS-121180,2009.

[71] JAIN P,STENBY E H,VON SOLMS N. Compositional simulation of in-situ combustion EOR:A study of process characteristics[C]. SPE MS-129869,2010.

[72] BAZARGAN M,CHEN B,CINAR M,et al. A combined experimental and simulation workflow to improve predictability of in-situ combustion[C]. SPE MS-144599,2011.

[73] ALAMATSAZ A,MOORE R G,MEHTA S A,et al. Experimental investigation of in-situ combustion at low air fluxes[J]. Journal of Canadian Petroleum Technology,2011,50(11):48-67.

[74] 李迎春,邱国清,袁明琦,等.乐安油田南区火烧驱油提高采收率试验[J].油气地质与采收率,2002,9(4):72-74.

[75] 徐冰涛,杨占红,刘滨,等.吐哈盆地鄯善油田注空气实验研究[J].油气地质与采收率,2004,11(6):56-57,60.

[76] 关文龙,王世虎,蔡文斌,等.新型火烧油层物理模型的研制与应用[J].石油仪器,2005,19(4):5-7.

[77] 关文龙,马德胜,梁金中,等.火驱储层区带特征实验研究[J].石油学报,2010,31(1):100-104.

[78] 程海清,赵庆辉,刘宝良,等.超稠油燃烧基础参数特征研究[J].特种油气藏,2012,19(4):107-110.

[79] 袁士宝,孙希勇,蒋海岩,等.火烧油层点火室内实验分析及现场应用[J].油气地质与采收率,2012,19(4):53-55.

[80] TADEMA H J. Mechanism of oil production by underground combustion[C]. WPC 8121,1959.

[81] KÖK M V. Use of thermal equipment to evaluate crude oils[J]. Thermochimica Acta,1993,214(2):315-324.

[82] KÖK M V,OCALAN R. Modelling of in-situ combustion for Turkish heavy crude oil fields[J]. Fuel,1995,74(7):1057-1060.

[83] 朱文兵.火烧驱燃烧动力学与裂解热分析实验研究[D].武汉:华中科技大学,2009.

[84] 贾虎.空气驱氧化机理及防气窜研究[D].成都:西南石油大学,2012.

[85] 沈自求.相似理论的实质[J].大连工学院学报,1982(3):75-81.

[86] BINDER G G,ELZINGA E R,TARMY B L,et al. Scaled model tests of in-situ combustion in massive unconsolidated sands[C]. WPC 12248,1967.

[87] KIMBER K D,FAROUQ ALI S M. New options for scaling steam injection experiments[C]. SPE MS-18751,1989.

[88] MACKINNON R J,SCHIMMEL K A,LOEHR C A,et al. Scaling in situ bioremediation problems by application of multiphase[J]. Multicomponent Transport Theory,1997,158(1):123-156.

[89] 彭克谅,丁海军,姚恒申.聚合物驱油物理模拟的相似准则[J].石油学报,1993(3):84-92.

[90] 周济福,李家春.相似准则数值优化方法及其应用[J].自然科学进展,2005(11):1297-1304.

[91] ISLAM M R,ALI S M F. New scaling criteria for polymer,emulsion and foam flooding experiments[J]. Journal of Canadian Petroleum Technology,1989,28(4):152-164.

[92] POZZI A L,BLACKWELL R J. Design of laboratory models for study of miscible displacement[J]. Society of Petroleum Engineers Journal,1963,3(1):28-40.

[93] VYAZOVKIN S,WIGHT C A. Model-free and model-fitting approaches to kinetic analysis of isothermal and nonisothermal data[J]. Thermochimica Acta,1999,340-341:53-68.

[94] VYAZOVKIN S. Modification of the integral isoconversional method to account for variation in the activation energy[J]. Journal of Computational Chemistry,2001,22(2):178-183.

[95] FRIEDMAN H L. Kinetics of thermal degradation of char-forming plastics from thermogravimetry:Application to a phenolic plastic[J]. Journal of Polymer Science Polymer Symposia,2010,6(1):183-195.

［96］ MOORE R G，BELGRAVE J D M，URSENBACH M G，et al. In situ combustion performance in steam flooded heavy oil cores［J］. Journal of Canadian Petroleum Technology，1999，38(13)：41-53.

［97］ 付美龙，张鼎业，朱忠云，等.超稠油多轮次蒸汽吞吐后残余油组分分析［J］.石油天然气学报(江汉石油学院学报)，2006，28(6)：140-143.

［98］ JAVAD S，OSKOUEI P，MOORE R G，et al. Feasibility of in-situ combustion in the SAGD chamber［J］. Journal of Canadian Petroleum Technology，2011，50(4)：31-44.

［99］ BELGRAVE J D M，NZEKWU B I，CHHINA H S. SAGD optimization with air injection［C］. SPE 106901-MS，2007.

［100］ 黄继红，关文龙，席长丰，等.注蒸汽后油藏火驱见效初期生产特征［J］.新疆石油地质，2010，31(5)：517-520.

［101］ 席长丰，关文龙，蒋有伟，等.注蒸汽后稠油油藏火驱跟踪数值模拟技术——以新疆H1块火驱试验区为例［J］.石油勘探与开发，2013，40(6)：715-721.

［102］ 王泰超，朱国金，田冀，等.油砂SAGD开发后期转火驱数值模拟［J］.断块油气田，2017，24(6)：836-839.

［103］ 李秋，何厚锋，关文龙，等.稠油油藏火驱驱替特征实验研究［J］.油气地质与采收率，2021，28(6)：79-86.

［104］ 袁士宝，李乐泓，蒋海岩，等.稠油油藏直井侧钻重力火驱开发效果的数值模拟研究［J］.油气地质与采收率，2021，28(6)：71-78.

［105］ 王泰超，朱国金，谭先红，等.基于稠油火驱机理改进的数值模拟方程［J］.特种油气藏，2021，28(5)：100-106.

［106］ 林云清.火驱燃烧前缘位置研究［J］.化工管理，2021(4)：189-190.

［107］ 蒋海岩，王姣，赵黎明，等.基于动力学参数的火驱效果影响分析［J］.科学技术与工程，2020，20(14)：5589-5597.